三峡大学思想政治理论

大学生创新思维教程

主　编　陈运普　胡孝红
副主编　张　莉　陈晓璇

WUHAN UNIVERSITY PRESS

武汉大学出版社

图书在版编目(CIP)数据

大学生创新思维教程/陈运普,胡孝红主编. —武汉:武汉大学出版社,
2022.2
三峡大学思想政治理论课素质拓展课系列教材
ISBN 978-7-307-22515-2

Ⅰ.大…　Ⅱ.①陈…　②胡…　Ⅲ.大学生—创造性思维—高等学校—教材　Ⅳ.B804.4

中国版本图书馆 CIP 数据核字(2021)第 161433 号

责任编辑:谢文涛　　　责任校对:李孟潇　　　版式设计:韩闻锦

出版发行:**武汉大学出版社**　　(430072　武昌　珞珈山)
　　　　　(电子邮箱:cbs22@ whu.edu.cn 网址:www.wdp.com.cn)
印刷:武汉中科兴业印务有限公司
开本:787×1092　　1/16　　印张:11.75　　字数:239 千字　　　插页:1
版次:2022 年 2 月第 1 版　　2022 年 2 月第 1 次印刷
ISBN 978-7-307-22515-2　　　定价:36.00 元

前　言

　　本教材是由陈运普主持的教育部择优推广项目"高校思想政治课教学中'工作室教学法'研究——以'人生发展设计工作室'为例"课题研究的阶段性成果。在该课题的研究过程中，我们以"人生发展设计工作室"为平台，将工作室的功能由帮助解决学生日常学习、生活中遇到的困惑逐步拓展到通过课程提升大学生的人文素质，进而厚重思政课的人文基础。在研究的过程中，许多学生希望人生发展设计工作室能够开设创新教育的相关课程，提升他们的创新思维能力，征询有关专家的建议。课题组成员把自己的研究成果运用于实际，在三峡大学开设"大学生创新思维训练"人文素质拓展课，并在教学实践中加以修改与完善。

　　本教材也是三峡大学马克思主义学院打造的思想政治理论课素质拓展课程系列教材之一。主要在陈运普、何伟纲等主持下，由承担"大学生创新思维训练"的任课教师集体备课，分工合作完成，部分品学兼优的在读硕士研究生参与了撰写工作。

　　本书共由八章构成。第一章由陈运普、李娜统稿撰写；第二章由何伟纲、尹怡曼统稿撰写；第三章由陈运普、李申浩统稿撰写；第四章由吴淑娴、帕提麦·约麦尔统稿撰写；第五章由覃美洲、王雅芳统稿撰写；第六章由张莉、谭云翠统稿撰写；第七章由范颖、张雨晨统稿撰写；第八章由何伟纲、魏子爽统稿撰写。全书由何伟纲负责审稿，陈运普负责审定。

　　在课题完成的过程及教材编写过程中，三峡大学马克思主义学院院长胡孝红、副院长黎见春不仅在学术上给予认真指导，还在其他方面给予大力支持和帮助，在此表示诚挚感谢。本教材在出版过程中，得到了武汉大学出版社的大力支持和帮助，在此表示衷心感谢。

　　书稿撰写过程中参阅了大量的国内外学者已有的研究成果，主要书目列入书后，我们谨向这些学者表示谢意！

　　由于我们教学任务繁重，撰稿时间紧迫以及水平的限制，书中难免存在一些不足和错误，希望得到各位读者朋友的批评指正。

编　者

2020 年 7 月 20 日，宜昌

目　　录

绪　　论

有智者说，人类只有创新，才能生存，只有创新，明天才会更美好。21 世纪是一个充满生机与活力、变革与超越的世纪。全世界范围内科学技术日新月异的进步极大提高了社会生产力的发展水平，并带给人类经济社会及生活方式的全新变化。当前，新一轮科技革命和产业变革正在孕育兴起，全球科技创新呈现新的发展态势和特征，新技术替代旧技术、智能型技术替代劳动密集型技术趋势明显。政治多极化、文化多元化和经济全球化的趋势在曲折中不断发展，并深刻影响人类社会各个领域的各个方面，人类社会面临着百年未有之大变局。面对竞争日益复杂的新形势，习近平总书记指出："实践告诉我们，伟大事业都基于创新。创新决定未来。党的十九届五中全会提出坚持创新在我国现代化建设全局中的核心地位。这为我们开展创新思维教育提供了基本遵循。"

新时代我国高等教育肩负的为党育人、为国育才的使命更加光荣、更加艰巨，要以习近平新时代中国特色社会主义思想为指导，以立德树人为根本目标，适应新世纪人才竞争的环境需要，着力于培养和造就大量推进现代化建设的创新型人才。孙春兰同志指出："高校是我国原始创新的主渠道和创新人才培养的主阵地，越是在外部不确定因素增多、党和国家事业发展的关键时刻，越要发扬自立自强的精神，以压力促变革，激发自主创新的骨气和志气，加强关键核心技术集中攻关，尽快实现重大突破，主动为国家和民族的发展出力争光。"因此，加强大学生创新思维教育势在必行，既有客观必要性又具有深远而伟大的意义。

思维是人类实践的产物。思维方式除了与人类实践活动有密切关系以外，还与历史发展或者社会发展的时代密切相关。有什么样的时代人们就会形成什么样的思维方式。21世纪，综合国力竞争归根到底是创新型人才的竞争。哪个国家拥有人才上的优势，哪个国家将拥有实力上的优势。一个国家、一个民族能否在激烈的世界经济发展和科学技术进步的竞争中获得成功，其综合国力和民族自信心是否增强，创新思维及其水平的高低与创新能力的大小起着重要的作用。习近平总书记强调："创新是一个民族进步的灵魂，是一个国家兴旺发达的不竭动力，也是中华民族最深沉的民族禀赋。""坚持创新发展，就是要把创新摆在国家发展全局的核心位置，不断推进理论创新、制度创新、科技创新、文化创新等各方面创新，让创新贯穿党和国家一切工作，让创新在全社会蔚然成风。"总的来说，一个国家、一个民族要在日益激烈竞争中获得优势，就必须把增强民族创新能力上升到关系中华民族兴衰存亡的高度来认识，走创新发展的强国之路，高度重视集聚具有创新思维水平和创新能力的创新人才。

创新能力取决于思维的创新，思维的创新又依赖于探索精神的树立。经常性的以自己的思维系统（或称"思维之网"）去搜寻问题、发现问题、探求解决问题的办法，是所有学有所成、研有所得的人们必备的基本素质之一。探索精神和创新思维习惯的养成并非易事，只有当探索精神和创新思维的习惯经过艰苦的训练编入到思维系统的程序里，大脑的思维机制才有可能随之而在探索与创新的轨道上经常地工作和运转。不断突破，不断建构，不断拓展思维空间，是创新性思维最本质、最具魅力的内在规定性。

创新思维与创新行为展示着人类追求真理的力量和智慧，也是人类自我认识逐渐提高的体现。大学生创新思维，作为培养人才的一项指标，可以开发大学生的创造能力，为社会的今天和明天培养创新型人才，逐渐得到各方面有识之士的重视。改革开放以来特别是党的十八大以来，高校贯彻落实党和国家创新创业战略部署，开展对大学生创新思维的研究与教育，已经取得了一些成绩，并总结出一些宝贵经验。理论上人们一致认识到：大学生创新思维研究与教育，是国家民族进步与强盛、屹立于世界的一项重要战略措施，也是我国在国力上赶超欧美先进国家的有力武器。

第一章
大学生创新思维概述

随着人类社会的发展，教育在综合国力中的地位越发突出，谁率先掌握了面向 21 世纪的教育，谁就在国力竞争中处于有利地位。创新既是教育的本质和灵魂，也是推动经济社会发展的强劲动力。因此，从根本上说高校培养和造就具有创新意识和创新能力的人才，是历史发展的需要，是当今时代的需要，是教育的重要任务之一。十八大以来，习近平总书记从中华民族发展的长远角度和战略高度出发，围绕"创新"提出了一系列的新观点、新阐释、新内容，集中体现在五个维度上："逢山开路、遇河架桥"的创新勇气；从"要我创新"到"我要创新"转变的创新态度；"创新驱动发展，科技打造强国"的创新宏图；"理论创新、道路创新、制度创新、科技创新、文化创新"的创新理念；"弘扬创新精神、提高创新能力"的创新号召。

第一节　创新思维的概念阐释

先引入一个很简单的问题：甲用 50 元买了一辆电动玩具小汽车，乙很喜欢这个玩具，花 100 元从甲手中买走。后来，甲舍不得，又花 150 元从乙手中买回。过了几天，乙又花 200 元从甲手中买走。请问甲一共赚了多少钱？

要正确解答这个问题，你肯定要动脑筋思考，也就是进行思维活动。要解决好这个问题，就一定要组织好自己的思维活动，不能让自己的思维混乱。

一、思维的含义及类型

（一）思维的含义

人类之所以为万物之灵，是因为有思维，有思维活动。思维是人类独有的特质，是人类文明发展的结晶。没有思维就没有如今的人类和人类的一切。从埃及的金字塔，到中国的万里长城；从潜艇下海，到飞船上天等等，哪一样不是人类思维的结果。人类的文明史就是一部思维活动的发展史。我们每个人每时每刻都在思维，都在进行着思维活动。所以，思维实际上是一个十分复杂的现象。思维属于理性认识的范畴。在日常生活里，思维活动被称为"思考"和"想"，是人大脑内部的一种活动。思维活动直接来自于思维主体，其核心部分就是人的大脑，思维是人的大脑的一种功能。

人们的大脑显得那么神奇而又那么奥妙，为什么？其实还是在于思维或思维活动。思维既是一个哲学的概念，又一直是当代心理学以及其他相关学科日常讨论的一个主要议题，尤其在心理学上，只要讨论人的心理活动，就不可避免地要触及思维问题。人是怎么思考的？各种观念、想法、意向又是怎么样形成的？决策判断又是如何产生的？这些问题，都离不开人的思维或思维活动。根据《辞海》的解释，思维有二层含义：①相对于存在而言，指精神、意识；②是人脑的机能和属性，是客观存在的主观印象，也就是理性认识。这种说法反映了辩证唯物主义的观点。另外在《中国大百科全书》中，关于思维有比较详细的定义："思维是客观现实的间接和概括的反映。以感觉和知觉为基础的和更高级的认识过程。它运用分析和综合，抽象和概括等智力操作对感觉信息进行加工，以存储于记忆中的知识为媒介，反映事物的本质和内部联系，这种反映以概念、判断和推理的形式进行，带有间接和概括的特性。"这个解释从思维的内容（感觉、知觉），思维的一般操作特点（智力操作、信息加工、记忆媒介）以及思维对个体的意义（间接、概括地反映客观现实）三方面对"思维"一词进行了界定。另外，在美国阿瑟·S.雷伯主编的《心理学词典》中，干脆坦率地承认：思维是一种含义众多、尚未统一的概念，泛指观念、表象、符号、词语、命题、记忆、概念、印象、信息或意向的任何内隐的认知操作或心理操作。强调它的符号过程和内隐性，并认为"思维一般被假定为包括某些理论上可证实的元素的操作。"

总而言之，比较共同的观点是：①思维是可以感知的；②思维是一种智能活动；③思维是一种大脑功能。另外，思维是一个过程，是多种主观意念的连续依次存在（或出现）的过程，它的生理基础就是多种特定神经网络的连续激活兴奋。

马克思主义认识论认为，物质是第一性的，意识是第二性的。意识是人脑对于客观存在的反映，马克思主义认识论的核心即是反映论。思维是意识的主要内容，当然也属于第二性。根据这种科学原理，心理学家与哲学家从辩证唯物主义认识论的高度，把思维看做是人脑经过长期进化而形成的一种特有机能，并把它定义为："人脑对客观事物的本质属性和事物之间内在联系的规律性所做出的概括与间接的反映。"思维是人脑对客观现实概括的和间接的反映，它反映的是客观事物的本质及其规律性联系。它是人类认识的高级阶段，是在感知基础上实现的理性认识形式。例如，通过对人的观察分析得出"人是能言语，能制造和使用工具的高等动物"；根据对水的研究得出水和温度之间的关系，在101千帕下，水的温度降低到0℃，就会结冰，升高到100℃，就会沸腾；等等。这些都是人脑对客观事物的本质及其规律的认识。人们常说的"考虑""设想""预计""沉思""审度""深思熟虑"等都是思维活动的表现形式。

总之，思维是人们在社会实践中对客观事物的认识活动，是人类特有的精神活动，并且是人类的本质性活动之一，是物质性大脑的一种基本功能，对人类社会的发展变化与进步起着十分重要的作用。随着人们社会实践活动的物质技术手段的提高，人的思维能力也将会不断提高，思维方式也会不断更新和发展。

(二) 思维的分类

依据不同的分类标准，思维可以划分为许多种类型。按思维内容的抽象性可划分为具体形象思维和抽象逻辑思维；按思维内容的智力性可划分为再现性思维与创造性思维；按思维过程的目标指向可划分为发散思维（即求异思维、逆向思维）和聚合思维（即集中思维、求同思维）；按思维过程意识的深浅可划分为显意识思维和潜意识思维等等。

人类思维的基本形式除了形象思维、逻辑思维以外，还应包括创造思维，持这种观点的代表正是我国著名科学家钱学森教授。人的创造需要把形象思维的结果再加上逻辑论证，是形象思维、逻辑思维的辩证统一，是更高层次的思维，应取名为创造思维，这是智慧之花。因此，一般认为形象思维、逻辑思维和创造思维是思维的三种基本形式。

此外，还有"社会思维""特异思维"等，但它们皆属不同脑状态下的思维，仍不超出以上三种基本类型。尽管关于思维有不同的划分标准，但有一点是可以肯定的，不同类型的思维，其结果是不同的。

二、创新思维的含义及特征

通过上述对思维含义的介绍，我们对思维的一般意义有了一定了解和认识。按照钱学森关于人类思维基本形式的认识和划分，除了形象思维、逻辑思维以外，还应该包括创造思维。这也是本书中所要讨论的主题——创新思维。

(一) 什么是创新思维

创新思维可以从不同的角度进行定义，目前较为流行的有三种。一种是哲学的角度，认为创新思维是反映事物本质属性和内、外在有机联系的，具有新颖的广义模式的一种可以物化的高级思想、心理活动。另一种是根据思维本身的特征将其定义为：创新思维是指以新颖、独特的方法解决问题的思维过程。通过这种思维不仅能揭露客观事物的本质及其内部联系，而且能在此基础上产生新颖、独创、具有明显社会意义的思维成果。也有将创新思维界定为具有新颖性，能解决某一特定需要目的的思维过程及其功能。第三种是从创造力与智力的角度，认为创造力的产生要靠思维能力、想象力和观察力，集中在一起就形成创造性思维，即人的智力。

无论有多少种说法，但反映创新思维的本质是一样的。创新思维是人类创造力的核心和思维的最高级形式，是人类思维活动中最积极、最活跃和最富有成果的一种思维形式。人类社会的进步与发展离不开知识的增长与发展，而知识的增长与发展又是创新思维的结果。所以，创新思维比之上述思维的其他形式，更能体现人的主观能动性。

依据对创新思维含义的简略分析，可以看出创新思维，应该是主体在一定的知识、经验和实践基础上，伴随着思维方式的改变而提出新理论、新观点和新想法的思维过程。这种具有创造性的思维活动能够取得前所未有的成果，如果这种创造性的活动表现为人类整体上的力量，当然能推动人类社会的发展。一个国家、一个民族，创新思维是最可贵的，它是社会充满生机与活力的源泉。正是在这种意义上，习近平总书记从"民族进步的灵魂"的高度来认识，将创新比喻成从根本上打开增长之锁的钥匙，是改革开放的生命，更显其伟大力量和作用。在人类的思维活动中，创新思维意味着对已有的知识、理论的一种超越，它总是和批判意识一起体现在人们认识的具体过程中，是创新的重要源泉。所以，新时代的大学生正确认识和把握创新思维的特征，无论从理论上还是实践上来说都具有十分重大的意义。

创新思维属于思维范畴，与思维有内在的密切联系，具有思维的一般特点。创新思维具体表现为能突破一般思维的常规惯例，以"反常""越轨"的思路分析和解决问题，力破陈规，富于挑战精神。创新思维具有心理的和逻辑的两重性，既包含有抽象思维，又包含有形象思维和灵感思维；创新思维也是这些思维相互作用、相互渗透、交叉运用的结果。同时，创新思维是主体在特定条件下，所表现出来具有自己的独特属性的思维活动。创新思维也是在特定的条件下具有特定内容的思维。当人们的认识向着超出对客观世界的已知领域和深度发展、推进时，这时人的思维就具有创造的性质。如前所述，创新思维是指在前人（或个人）已有认识的基础上又有创新的思维活动和过程。而一般思维就不具有这些特征，或者说不像创新思维那样表现得明显和突出。因此，创新思维与一般的思维是有着根本区别的。这种根本区别就在于：创新思维必须发现或解决前人（或个人）尚未发现或解决的问题；进行前人（或个人）尚未进行的思考活动，前所未有的创新和思考是它所具有的特殊本质。

（二）创新思维的特征

创新思维有着自己的本质特征，使其同一般思维区别开来。

1. 新颖性

这是从思维成果方面来判断的。人们在进行探索和研究问题的活动中，打破惯常解决问题的方法时所形成新思想的思维特征，称为创新思维的新颖性。它将已有的知识经验进行改组或者重建，创造出个体前所未知和社会前所未有的思维成果。这是创新思维的基本标准和特性。有学者把它看成是创新思维的本质特征。它与创新思维的敏锐性，发散性，集中性等特征存在相关的联系。例如，知道地球是圆的，又知道向东航行能够到达东方，于是哥伦布就预见到，向西航行也能到达东方。这就是创新思维新颖性的具体表现。

2. 敏锐性

在司空见惯的事物中发现尚无所知的新东西的思维特性，称为创新思维的敏锐性。如著名法国学者巴斯德到田间散步，发现有块土壤的颜色与其他的土壤有些不同，走近一看，原来是蚯蚓是从地下带来的大量土粒。于是他想，死于炭疽病的羊，深埋地下，使其周围的泥土含有炭疽病芽孢，会不会是蚯蚓把这种泥土带到土壤表层上来而使得炭疽病继续传播呢？这个想法在不久后得到证实。就是这样，巴斯德的思维所具有的这种敏锐性使他发现了神秘莫测的炭疽病传播途径。

3. 发散性

依据一定的知识和事实求得某一问题的多种可能答案的思维特性，称为创新思维的发散性。这是一种不依赖常规而寻求变异，并沿着不同的方向、向着不同的范围、自由发散的思维方式，是从已知信息中衍生出大量变化的、独特而新颖的信息的思维。哥伦布在餐桌上立鸡蛋的例子就是运用了发散性思维方法。发散性又具有三个具体的特征：流畅性、变通性、独特性。

4. 集中性

运用已有知识经验引出正确逻辑结论的思维特性，称为创新思维的集中性。这种思维特性可以使人获得解决问题的最佳可行的方案。例如，1961 年美国制定了十年后登上月球的计划。为此，科学家们研制了各式各样的方案。最后，得出结论：月球轨道回合方案是最佳可行方案。20 世纪 70 年代，阿波罗飞船登上月球一举成功，成为永载史册的人类壮举。同时，也向世人表明了集中思维的重要作用。

5. 分合性

运用分析方法把思维对象以崭新的方式捣成碎片，再通过综合方法把这些碎片以崭新的方式或者规格重新组合起来，形成新的创造物，这种思维特性就是创新思维分合性。

6. 形象性

人脑对已有表象进行加工而产生前所未有的一种新表象的思维特性，称为创新思维的形象性。例如，德国化学家凯库勒研究苯分子六个碳原子的结构，利用自己的梦——长蛇，进行反思而获成功。

7. 统摄性

通过概括驾驭全部推理过程从而把握事物全貌的思维特性，称为创新思维的统摄性。思维本身就意味着抽象和概括，统摄思维活动就是用一个概念取代若干个概念的过程，从而使概念越来越丰富、抽象。例如，"力"这个概念包括了"运动""相互作用""转移"和"主动"等概念。此外，创新思维还有预见性、伸缩性、细节性、语言性和评价性等特性。

第二节　大学生创新思维的特征及形式

大学生从相对封闭的中学进入相对开放的大学以后，其学习层面和交往层面大大扩展，有更多的机会接触到许多深奥的专业知识和全新的科学信息，因而其好奇心得到极大刺激，其求知欲得到极大的提升。由于大学生群体普遍具有兴趣广泛、爱好众多、体验深刻的特点，因此，他们什么都想了解，什么都想尝试。

与其他青年群体相比，大学生智力水平高，分析能力强。他们中有不少人不满足于问题的既定答案和现成结论，对权威的论断和专家的意见并不"奉若神明"，对任何问题都想经过自己的思考再做定论。

大学生普遍崇尚科学、崇尚创新，渴望用自己的智慧和创造来打通前进的道路，也渴望用自己的智慧和创造来验证自己的价值。对知识的追求，对创新的追求以及对人生目标和自身价值的追求转化为大学生强烈的创造动机，并潜移默化生成他们的创新意识。

一、大学生创新思维的特点

大学生创新思维的特点，表现在以下几个主要方面。

（一）思维方向的多向性和求异性

从本质上看，大学生创新思维是一种求异思维，尤其在大学生开展创新活动的初期，该特点更为明显。这表现在他们能在人们司空见惯，习以为常，不以为有问题处觉察问题并提出问题，对人们认为理所当然的现象和权威的论断敢于提出怀疑意见。大学生喜欢在选题和结论方面标新立异，向往在学习和工作方面别具一格。

大学生创新思维的多向性和求异性主要以发散性思维方式来表现，其特征是：从某一点开始，思路向四面八方尽可能多地发散。这样可以充分发挥大学生的想象力和创造力，从多方面探求问题的答案。

（二）思维进程的突发性和跨越性

在创造性活动过程中，大学生有时会突然表现出高度的创新性，即其创新思维往往在时间、空间上产生突破和顿悟。人们可以常看到这样的事例，一些长期追求、苦苦探索、迷惑不解的问题，经常会通过某种契机，使创新者的大脑就像在黑暗的房屋中拉亮电灯一样，豁然开朗，找到问题的答案。例如，两千多年前，阿基米德接受了国王交给他的测量黄金王冠真伪的任务后，终日苦思，却仍然束手无策。由于王冠的形状非常复杂，又雕刻着精美的纹饰，难以用几何学方法计算出它的体积，因而也就无法得知其比重。一天他去洗澡，当他进入盛满水的澡盆时，水沿盆边溢了出来。阿基米德忽然领悟到：盆中溢出的那部分水的体积不就是浸入水中自己身体的那部分体积吗？实验结果证明：纯金排出的水量少，而黄金王冠排出的水量多，于是可以断定王冠是掺了假的。阿基米德完成了国王交给的使命。同时也由此发现了浮力定律即著名的阿基米德定律。

思维进程的突发性和跨越性还表现为人们的思维可以超越同时期大多数人的认识水平，呈现高度的创造性。1905 年，名不见经传的爱因斯坦连续发表了五篇论文，其中有关光的量子概念、布朗运动的理论、狭义相对论的三篇，即《有关光的产生和转化的一个试探性观点》《分子大小的新测定法》《论动体的电动力学》，令当时许多堪称世界一流的科学家都为之瞠目结舌。由于其理论水平和思想境界超越了当时人们的认识水平，因而得不到应有的评价，但是正因为爱因斯坦超越时代的创造性思维，使他走到了当代科学的前列。

（三）思维效果的整体性与综合性

大学生创新思维特别应注重思维效果的整体性与综合性。坚持思维效果的整体性与综合性，可以使人们认识范围扩展，认识水平提高，并有可能产生新的创新认识。

化学家道尔顿就是站在高度整体性与综合性的立场上，用原子理论的观点在构造整个化学新体系，认为化学的分解与组合，是化学科学研究的中心课题；在化学作用范围内，物质既不能创造也不能消灭，从而对化学的发展做出了创造性贡献。

马克思也是在分析了商品社会里最基本、最常见、发生过亿万次的商品交换现象以后，经过高度的整合和综合，阐明了马克思主义经济理论的主要基石"剩余价值规律"，从总体上把握住了现代社会发展的原因，因而做出了划时代的贡献。

（四）思维状态的广阔性与灵活性

思维的广阔性与灵活性，专指大学生能够迅速地、轻易地将其思维重点从一类对象转到另一类内容相隔很远、形式相差很大的对象上的能力，也叫思维的变更性。其表现常为思路开阔、妙思泉涌，不受思维定势和陈旧观念的羁绊。

以回形针的作用为例，有些大学生往往只想到用来别纸张、文件、书报等，而具有创新思维结构的人，就会发挥思维灵活的特点，从众多角度出发去考虑，结果就会不一样，发现回形针的作用要多得多。

思维的广阔性与灵活性还表现为能克服"思维定势"的弊病，及时抛弃旧的思路，转向新的方向；及时放弃无效的方法，转用新的手段。英国细菌学家弗莱明发明青霉素的过程就是这种思维方式所产生创造性的最好例证。一次弗莱明在用培养皿培养葡萄球菌时，意外地发现因霉菌的污染造成了葡萄球菌死亡，这一现象激起了他高度的创造意识，他马上改变了研究方向，转而探索并研究能杀死葡萄球菌的绿菌，终于取得发明青霉素的重大创造性成果，挽救了千百万生灵。

大学生思维的广阔性与灵活性在很大程度上与其思维活动向外部世界的开放性有关。思维活动若不向外部世界开放，就犹如闭门造车，不仅会制约大学生创新思维的形成和发展，而且会影响大学生各种创造活动的产生和展开。人们不能想象，一个闭目塞听，思维呆滞的人能够捕捉到灿烂的思想火花；更不能想象一个思路狭窄、囿于已见的人，能够把握住创新的有利时机。在学习上有什么建树，在工作中就有什么创新。

（五）思维表达的新颖性与流畅性

思维表达的新颖性与流畅性是特指大学生在思维过程中对创造性成果准确、有效、流畅的公开和揭示，并将其表达成新概念、新设计、新模型等。它是完成大学生创新思维的最后而又非常重要的环节。没有这一环节，再好的创造性设想也不能转化为新的研究成果。就如同物理学中的"力""光""原子""分子"和化学中的"元素""化合物"以及政治经济学中的"商品""等价交换"等，无一不是准确、有效、流畅地将研究对象和研究成果作了最好的概括和总结。

对大学生来说，完成对创新活动的科学总结和表达是一个综合和升华的过程。从认识论的高度看，则是一个进入到更高级阶段的理性认识过程。它要求大学生采用新颖独到的理论见地和流畅自然的描述方法将自己的创造成果表现出来，从而成为一种具有一定理论水平和实施步骤的可供考虑和借鉴的思维产物。

大学生要进行创新思维，必须在接受教育的过程中以独特的、新颖的和集中的方式另辟蹊径地去面对学习活动，有效解决问题。大学生创新思维是专指大学生在其所进行的创造活动中有创新的思维，是大学生在已有知识和经验的基础上，从某些事实中更深入地寻找新关系、寻找新答案的思维活动过程。大学生这一年龄阶段，也正是培养创新思维的良好时期。

二、大学生创新思维的形式

大学生创新性思维在思维质量上既高于抽象思维，也高于形象思维。它是大学生思维的高级阶段，同时，与抽象思维、形象思维、直觉思维、灵感思维、幻想思维、发散思维、收敛思维、分合思维、逆向思维、联想思维等多种思维形式是协调统一的，是上述思维形式"高效综合运用、反复辩证发展"的过程。此外，大学生创新性思维还与大学生的情感、意志、动机、理想、信念以及个性等非智力因素有关，是大学生智力因素的和谐统一。大学生在创造活动中常用的思维形式有以下几种。

（一）抽象思维形式

抽象思维亦称逻辑思维，是人们在认识过程中用反映事物共同属性和本质属性的概念作为基本思维方法，在概念的基础上进行判断、推理，反映现实的一种思维形式。它使人的认识由感性个别到理性一般再到理性个别。一切科学的抽象都更深刻、更正确、更完整地反映着客观事物的面貌。随着社会文明程度的进步、科学技术水平的发展和现代思维方法的确立，抽象思维在大学生创造活动中的作用更显重要。

在创造学发展历程中，曾有人认为抽象思维会阻碍创造力的开发。他们认为要想创新，就得让思维无拘无束、尽情发散，而不能使思路有任何限制。这种认识是相当肤浅的，因为抽象思维也具创新功能。

我国魏晋时期的杰出数学家刘徽在一千多年前就曾运用抽象思维和逻辑方法创立了中国古典数学的理论基础。在数学名词概念的定义方面，刘徽借为《九章算术》作注的机会，首先对一系列数学概念进行科学的定义，以作为他在数学研究过程中施展逻辑方法的出发点和奠基石，在数学公式法则的推理方面，刘徽在定义了一系列的数学概念的基础上，又运用推理的方法对《九章算术》一书中的许多数学公式和法则进行逻辑证明。在数学错误结论的归谬与反驳方面，刘徽也运用了逻辑思维的方法。他在基于逻辑推理方法证明《九章算术》中有关结论正确的同时，也运用逻辑方法特别是归谬与反驳的方法批评了《九章算术》中的一些错误结论。

通过这一系列的定义、推理、归纳与反驳，刘徽用逻辑方法开创了数学研究的新纪元，为中国古典数学的发展奠定了基础。

归纳与演绎、分析与综合、抽象与具体等思维方法经常会为大学生在创造活动中所使用。所谓归纳的方法，是从特殊和个别的事实推向一般概念和原理的方法。所谓演绎的方法是从一般概念和原理推出特殊和个别的方法。所谓分析的方法，是把对象或现象分解成各个属性、各个部分、各个方面，再加以研究。所谓综合的方法，是把对象或现象的各个属性、各个部分、各个方面结合成整体，再予以考虑。所谓思维方法的抽象，即是指由感性具体到理性抽象。而所谓思维方法的具体，则是指由理性抽象到理性具体。这些方法相互依存、相互促进、相互转化，彼此相反而又密切联系，大学生应努力学习并牢固掌握这些思维方法，在创造实践中不断运用，以推动自身创造性思维的发展。

（二）形象思维形式

形象思维亦称为具体思维。它是以具体特殊的对象为思维内容的一种思维形式。在本质上，形象思维的过程可以看做具体概念的运动过程。所谓具体概念，是指直接表达各种具体特殊事物及其运动变化的概念。它不仅包括各种具体特殊事物的表征性概念，而且也包括各种具体特殊事物运动变化的描述性概念。

从本质上看，人类思维的产生是为了认识自身与环境，以解决人在适应自然、改造自然过程中的生存和发展问题。作为一种人类最先产生的思维形式，形象思维试图通过概念过程直接对各种具体特殊事物及其运动变化做出具体的认识和把握，因而这就决定了它必然会表现为一种再现式的思维形式。

与其他思维形式不同的是，形象思维既具有直观的描述性，又具有直接的感受性。它的整个思维过程总是与思维对象的具体形象或思维对象的具体运动变化相联系。但形象思维并不是对具体特殊对象的巨细无遗的描述。因为这不仅受到人类自身感受能力的限制，而且也受到事物自身复杂程度的影响，使得人们在面临思维对象具有多种可能性和复杂性的情况下，不可能对其做出既周密细致又概括全面的描述。人们只能感知并描述其某一方面或某些方面，其余方面的描述则需依靠想象和创造来完成。因而形象思维不仅需要细心的观察能力和体验能力，也需要丰富的想象力和创造力。

与其他思维形式相比，形象思维还具有具体性、直接性、直观性、描述性、连续性和控制性等特点。作为一种对具体特殊事物的思维，人们形象思维的启动可通过三种途径实现，一是通过对事物进行连续的观察；二是通过对事物进行语言的描述；三是通过对事物进行大脑的联想。

形象思维在大学生的思维活动和实践活动中，均广泛存在，具有普遍性。大学生所做出的许多发明创造，往往就是从对事物形象的观察、思考和联想中受到启发而产生的，有时形象思维可取得抽象思维难以取得的成果。

（三）直觉思维形式

所谓直觉思维，是指人们不经过逐步分析而迅速对问题的答案做出合理的猜测、设想或顿悟的一种跃进式思维。它是人类思维的一种独特智慧能力，是能动地了解事物对象的思维闪念。

直觉思维往往从宏观上把握问题，把注意力放在事物的整体性上；逻辑思维却常常从微观上把握问题，把注意力放在事物的局部上。直觉思维以少量的本质性现象为媒介，直接把握事物的本质与规律，是一种不加论证的判断力，是思想的自由创造。

当一个人必须在大量事实所提供的各种可能性之间做出唯一选择，特别是在各种可能性难分优劣的情况下做出这种选择时，单靠逻辑思维，会显得无能为力，这时就要依靠直觉思维。直觉能够帮助政治家在复杂多变的政治时局中做出判断；能够帮助军事家在瞬息万变的争战场合中做出决策；能够帮助科学家在纷纭杂沓的创造活动中做出预见。

正确的直觉思维能够促进创造性思维的发展，反之将会阻碍创造性成果的取得。例如英国物理学家卢瑟福依靠直觉的判断，发现原子核的存在，提出了原子结构的行星模型，在物理学领域内做出了开创性的贡献。又如爱因斯坦在面临物理学研究路径选择时，正像奥地利物理学家泡利所说的那样，凭借其非凡的直觉能力，走的是一条创新研究之路，结果用"光量子假说"对量子论的发展做出巨大贡献。

直觉思维虽然能在创造中起很大作用，但由于它是一种跃进式思维。其整个思维过程只是在极短的时间内完成，以致难以用逻辑思维的语言来逐步加以分析和表达。因而直觉思维往往带有一定的局限性和虚假性，由此也经常导致一些错误的结论。甚至有可能会将两个本不相干的事物纳入虚假的联系之中，个人主观色彩较为浓厚。所以必须加强并提高大学生的精神素质；必须建立并完善大学生的创新心态，而且还必须通过实践环节加以检验和改进。

（四）灵感思维形式

灵感思维是人们借助于直觉启示而对问题得到突如其来的领悟或理解的一种思维形式。它是人们在创造过程中达到高潮阶段以后出现的一种最富有创造性的思维突破；是一种把隐藏在人们潜意识中的有关信息，在解决某个问题的过程中，以适当的形式突然表现出来的创造能力。因而它是创新性思维最重要的形式之一。

灵感思维常常以"一闪念"的形式出现，并往往使人们的创造活动进入质的转折点。

大量事实表明，灵感思维是由人们的潜意识思维与显意识思维多次叠加而形成的，是人们进行长期创造性思维活动达到的一个必然阶段，很多创造性成果都是通过灵感思维而最后完成的。因此，人们常称灵感思维是创造学、思维学和心理学皇冠上的一颗明珠。

在人类思维活动中，抽象思维和形象思维都是随时存在的普遍思维形式，而灵感思维则只在某种特殊情况下出现。从思维过程的特征来看，抽象思维和形象思维的思维过程都是连续、平滑的，而灵感思维则是一种间断、跳跃式的思维形式。在抽象思维和形象思维过程中，思维对象的来龙去脉都较为清楚，可以找出概念运动的连续轨迹。而在灵感思维中，由于其间断和跳跃式的思维特点，人们很难从中找出思维对象的来龙去脉，也不清楚思维过程的完整思路，更无法描绘出其概念运动的连续轨迹。

此外，抽象思维和形象思维通常都是有意识进行的，属于自主性思维，人们可以有效地控制和引导这两种思维过程。但灵感思维却大相径庭，它往往表现为一种潜意识过程，人们既难以对它拥有清醒的认识和深刻的了解，也难以对它施加有效的控制和积极的引导，在很大程度上只能任其自然发展。但脑科学已经证明，灵感思维不是"玄学"，而是人脑的正常功能，它在大脑皮层中有对应的功能区域，即由意识部和潜意识部两个对应组织所构成的灵感区。意识部和潜意识部相互间的同步共振活动导致灵感的产生。

值得指出的是，灵感和直觉虽有一定关系，但它们是两个不同的概念。直觉是一种思维形式，其产生的时间通常非常短促，而灵感则是解决问题的一种心理准备，需要较长时间的艰苦思索。直觉是对眼前事物的迅速理解和果断把握，而灵感产生时思考对象并不一定非得在思考者跟前。直觉产生的原因是为了迅速解决迫在眉睫的问题，而灵感则往往是在某种偶然因素启发下得到对问题的理解和顿悟。

灵感的出现不管在空间上还是时间上都具有不确定性，但灵感思维产生的条件却是相对确定的。是一种偶然性和必然性的协调统一。它的出现有赖于知识的积累与智慧的提高、有赖于良好的精神状态与和谐的外界环境、有赖于长期紧张的思考与专心的探索。

（五）幻想思维形式

所谓幻想，一般是指与人们的某种愿望相结合并指向未来的一种思维想象，它是创造主体在思维活动中根据自己的主观愿望和心理情绪，对未来和情感所进行的一种创造性思维。幻想与梦想的不同在于幻想是人们处于清醒状态下所进行的创造推想，是依照个人意愿所进行的超前设想。

在多数情况下，幻想往往不与创造主体眼前的创造活动有直接联系，它带有强烈的前瞻性和设想性，并且带有浓郁的主观和个人色彩。幻想可以使人思维超前、思路开阔、思绪奔放，因此它在创造活动中的作用显而易见。尤其是在创造活动的初期，更需要各种各样的幻想。某些学科中的重大变革，更是以奇思异想作为开路先锋的。

由于幻想在人们的创造活动中起着重要的作用，所以创造性思维允许并鼓励人们对事物进行各种各样的幻想，有些国家还专门为学生开设"幻想"课，旨在引导学生进行各种形式的幻想，以增加学生的创造才干。

幻想，特别是科学的幻想，是创造性思维的翅膀，它扎根于人类已知的科学知识土壤，用思维联系来填补自然科学体系中尚未被人类探明的空白。它吸引人们去掌握已知、去探索未知，为科学发展和人类进步做出贡献。

但由于幻想暂时脱离现实，超越同时期人们的认识范围和认识水平，一般不为人们所重视，很多人甚至把幻想作为贬义词而打入另册。从创造学的观点来看，这是不公正并且是浅薄的。列宁曾说过："有人认为，只有诗人才需要幻想，这是没有理由的，这是偏见！甚至在数学上也是需要幻想的；甚至没有它就不可能发明微积分。"

由此可见，作为发明创造者，他要改造世界，就应该具有幻想思维和幻想精神。大量事实表明，幻想可以促使人们产生创造的欲望，可以激发人们上进的志气，也可以指出人们前进的方向。古代人们美好的幻想和愿望，如千里眼、顺风耳、上九天揽月、下五洋捉鳖等，现在都已成为现实。

19 世纪法国著名科幻作家儒勒·凡尔纳被称为"科学幻想小说之父"，曾著有《格兰特船长的儿女》《神秘岛》《地心游记》《环绕月球》《海底两万里》《八十天环游地球》等不朽名著。其作品中所幻想的电视机、直升机、导弹、潜水艇、坦克、激光枪等物品，今天均已成为现实。英国现代科幻作家乔治·奥威尔在 1949 年出版的名著《1984》中曾预言过的 137 项发明，到 1979 年就已经实现了 80 项。由此可以证明创造性的幻想在探索未知方面所起的巨大作用。世界上许多杰出的科学家以他们成功的亲身经历有力地证实了这一点。比如苏联航天之父齐奥尔科夫斯基就谈到儒勒·凡尔纳的科幻小说激发了他的创造热情，使他按照一定的方向去幻想和创造。俄罗斯著名化学家门捷列夫把儒勒·凡尔纳称为"科学的天才"，对他评价很高，认为他的作品对自己启发很大，并认为幻想有助于自己思考问题、解决问题。美国著名作家马克·吐温甚至说道，不要离开幻想，一但幻想消失，你也许可以继续安在，但生活将从此和你无缘。

大学生应加强对幻想思维的认识和了解，应深化对幻想思维的研究和探索。尤其值得大学生重视的是，空想和理想是幻想的两个方面。所谓空想，是创造主体在有意识的状态下按照自己主观愿望将概念和判断进行任意组合的一种设想。由于空想基本上脱离客观规律和现实生活，其可行性和价值性极低。所谓理想，是在正确思维指导下，符合事物客观发展规律，并有可能实现的幻想。它是按照一定的社会条件和历史状态所进行的一种创造性推想。

幻想思维是从现实出发而又超越现实的思维活动，它对大学生创造性思维的发展具有促进作用。为了使大学生创造性活动能更顺利地开展，大学生要牢记：幻想比梦想的可行性要大，但幻想比梦想能动性要小；幻想中的空想不切实际、难以实现，幻想中的理想也不是轻而易举、一蹴而就的，它需要人们不懈努力、刻苦追求，才有可能实现。

（六）联想思维形式

联想思维是一种将人们已经掌握的知识与某种思维对象联系起来，从其相关性得到启发，进而获得创造性设想的思维形式。它能克服两个概念在意义上的差距，并在另一种新的意义上把它们联系起来。一般说来，联想越多、越丰富，获得创造性思维突破的可能性就越大。因为所有的发明创造都不会与前人的成果、历史的经验、现有的知识截然割裂，而是有密切的联系，问题在于能否把它们与要进行发明创造的对象相联系、相类比。

联想思维通常包含两部分内容。一是联想体，二是联想物。联想体是基础，联想物是产物。没有联想体，联想物无法产生；而没有联想物，联想体也就失去了意义。在联想思维中，联想体大部分是客观存在的事物，但也可以是抽象的概念或思维的火花。

联想思维的经典法则最早由古希腊心理学鼻祖亚里士多德提出。他认为：当人的思想受到某种刺激或在某种特定的环境下通过回忆，可以产生相似联想、对比联想和接近联想。

1. 相似联想

这是指人脑中出现同某一刺激物或环境相似的经验或事物的联想，即联想物与刺激物之间存在着某种共同的性质或特征。例如看到鸟想到飞机、风筝、火箭（都能飞）；看到电灯想到蜡烛、手电筒、萤火虫（都能发光）。有的人从含硅的物体表面非常光滑，黏结剂对硅不起作用的特点出发，联想到纱布上如浸有硅的溶液，则可使纱布不和皮肤相粘连，从而减轻患者的痛苦，由此发明了特种医用纱布。

日本一家轧钢厂，在轧制一种新型钢板过程中，遇到钢板开裂的问题，采用各种技术措施均不见改观，主管工程师非常焦急。一天下班后，这位工程师到自家厨房取物，看见妻子正在用擀面杖擀面，面团在擀面杖碾压下均匀地向周围展开并变薄。工程师见状大受启发，联想出轧制钢板的新技术——等向性钢板横轧法，并获日本技术专利。这种方法的原理是将很多根类似于擀面杖的轧安装在传动辊上，而在轧辊上方装有相当于面板的固定盘。轧制时，钢材在轧辊和固定盘之间均匀变形并缓慢移动，就像是在用"机械的擀面杖"碾压"钢铁的面片"一样。

2. 对比联想

这是指与某一刺激物或环境产生相反性质事物的联想，例如看到白颜色便想起黑颜色；看到小物体便想起大物体；看到冷东西便想起热东西等等。据传，我国清代著名画家任伯年曾在对比联想启发下，作画奚落一个为富不仁、爱财如命的财主。任伯年善画虎，其所画之虎栩栩如生、时人推崇，因此凡求画者均需付银十两。一天，这位财主登门求画，言明用五两银子换半只虎。面对财主的刁难和吝啬，任伯年不动声色，约定次日交画。

第二天财主欣欣然、昂昂然来到任家取画。待财主展开画面一看，顿时目瞪口呆、脸色大变。原来画面上画着一个山洞，一只老虎前半身已没入洞中，后半身尚露在洞外。两只后腿，一只踏地，一只悬空，看来老虎正打算进洞。看到这只以屁股示人的老虎，财主既无法指责任伯年破坏协议，又难以掩盖自己的懊恼心情，只好灰溜溜地一走了之。

任伯年之所以如此作画，是源于对比联想。起先他自然打算从虎的正面画起，但转念一想，这太抬举该财主了。于是他决定从虎的反面画起，让老虎的屁股始终对着财主，使财主受到奚落和嘲讽。

3. 接近联想

这是指头脑中想起同某一刺激物或环境有关联的事物。这里联想物与刺激物之间只是有关联，其间并没有什么共同的特征。例如看到学生便联想到教室、实验室、操场以及课本、书桌、钢笔等。人们食用的面包因加入发酵粉和膨松剂，十分松软可口。一家橡胶企业的主管受此启发，在橡胶中加入发泡剂，由此制成海绵橡胶。

上述联想法则之间的关系，通过一个简单的例子即可以加以说明：

山（对比联想）　　河（接近联想）　　　鱼（相似联想）虾

联想是培养大学生创造性心智机能的一种思维活动。它不是一般的思考，是由此及彼的思考，是思考的迁移和深化。大学生如果不善于进行联想，那么他学一点就只懂一点，其知识不仅零碎和孤立，而且也干瘪和有限。但大学生如果善于进行联想，那么他就会通权达变、触类旁通、举一反三、闻一知十，从而产生认识上的飞跃，出现创造性的灵感。

大学生一定要有勇于联想、乐于联想、善于联想的精神，因为联想的范围越广、层次越深，对创造活动就越有助益。事实上，古往今来，人类一直是在有意或无意地通过各种联想，从自然界获得源源不断的启发，创造出无数业绩和成果，为人类自身的生存和发展创造了条件。

应当指出，联想有赖于经验和知识的积累。大学生联想过程中所产生的思维火花和心灵智慧，不是从天而降的神灵启示，而是自身刻苦追求、努力探索的结果。心理学家们认为，联想的生理和心理机制是暂时的神经联系，因而联想能力的大小将取决于一个人知识积累和经验丰富的程度。因为只有当大脑里储存了有关知识和经验的大量信息资料，人们在联想时，才能得心应手、应付自如。所以大学生应努力学习知识，认真积累经验，自觉锻炼和培养自己的联想思维，为提高自身的创造性联想能力奠定基础。

第三节　大学生创新思维教育的内容及目标

党的十八大以来，党和国家高度重视创新工作。习近平总书记将创新比喻成从根本上打开增长之锁的钥匙。他反复强调"面对日益激烈的国际竞争，我们必须把创新摆在国家发展全局的核心位置，不断推进理论创新、制度创新、科技创新、文化创新等各方面创新"。"人才是创新的根基，是创新的核心要素。创新驱动实质上是人才驱动"。因此，培养一批有思想、具有创新思维的大学生已迫在眉睫。

一、当代大学生创新素质状况

大学生富有创新精神，渴望独立思考得出结论，由于时代对大学生创造力的呼唤创造了相应的条件，许多崭露头角的大学生在大学创业园中创办了自己的事业，他们常常有自己新的想法和见解，并且在很多方面表现出很高的创造潜力和创新性思维能力。

（一）当代大学生创新素质的主要优势

（1）大学生处在心理活动旺盛的时期，求知欲望、创造意识强烈或者充满渴望。近年来国家对大学毕业生自主创业提供了一些优惠政策，许多城市和高等院校也相应地出台了一系列优惠政策，鼓励大学生自主创业，激发了他们的创业激情，也为他们施展自己的才华和发挥自己的能力提供了制度保障。有利于他们进行创新实践。

（2）大学生受传统的习惯束缚较小，敢想、敢说、敢干，常常有一种求新冲动。他们敢于对别人的观点和看法提出批判性的意见，包括权威观点，不轻易接受别人的观点；能冲出别人的思维模式，有自己认识事物和问题的方法和标准，表现出较强的独立思考能力。

（3）创新意识强烈，敢于标新立异，甚至在某一方面创新不成，又可换一内容去创新。思维灵活，心灵手巧，富有创造性，灵感丰富。他们以自己独特的感知、记忆、思维等特点进行智力活动，使自己的创造力的发展带有独特性。

（二）当代大学生创新素质的不足

虽然当代大学生的创新素质达到较高水平，但由于他们的知识还不够丰富，特别是社会生活实践有欠缺，所以他们的创新素质还明显存在着不足，主要表现在以下4个方面。

（1）思维敏捷，但不会用创新思维进行引导。大学生经过小学、中学以及大学的系统的学习，其理性思维和逻辑思维高度发展，他们好奇心强，求知欲旺，思维敏捷，反应迅速，对新生事物特别向往。但缺乏灵活性、准确性、全面性和有效性，难以获得理想效果。他们还不善于运用诸如形象思维、发散思维、逆向思维、灵感思维、联想思维、类比思维和侧面思维以及分合思维等创造性思维，加上知识面较为狭窄，创造力较为薄弱，工作经验缺乏，生活阅历较为浅薄，从而影响到大学生创新思维的顺利发展。

（2）想象丰富，但不会用创造性能力进行引导。想象是人脑在原有感性形象的基础上创造出新形象的心理过程。在人类生活中离开想象，就不可能有预见和发明。如同其他青年群体一样，大学生也特别富于想象，但由于他们缺乏创造性想象的引导，因而他们的想象难以上档次、上水平。

随着大学生知识的增多和经验的积累，其想象力也逐渐丰富，但他们创造能力与创造思维的增长，落后于想象力的增长，他们的种种想象力极易受到原有知识和经验的束缚，不能独立地产生新思维、新概念、新方法。在学习上，他们还往往沿用过去"死记硬背""临阵磨枪"式的老方法，在工作中，他们也常常沿袭往日"生搬硬套""照章办事"式的旧套路。大学生还没有完全发挥创造性想象的能动性。加强对学生的想象力的培养非常重要。

（3）具有灵感，但不会用创造性手段进行把握。灵感是人们在长期的脑力劳动中，特别是在创造性劳动中，经过超常思考和过量思考，使大脑皮层建立起许多暂时联系，然后在某种偶然因素的激发之下，对问题产生突如其来的顿悟和理解，它是人们进行长期创造性思维和创造性实践的必然产物，是创造者应得的劳动成果。

具有较高智力水平并喜欢进行耐心思考的大学生，产生灵感不足为奇，但大学生不善于用创造性手段捕捉灵感。由于灵感是一种稍纵即逝的思维现象，大学生往往忽视它的存在，更不会及时把握和充分利用，他们没有认识到灵感"既有规律可循，又有办法捕捉"。

（4）急于创造，但不会用创造性方法作为指导。高等学校是高新科技的集散地和创造发明的孵化器。在大学校园里，既汇集着先进的科研设备，又充满着强烈的竞争氛围，大学生确实想拼搏一番。但大学生往往不会充分利用高校的有利条件进行创造，他们缺乏与经验丰富的教师展开讨论，与不同专业的同学展开交流的机会，只凭个人的满腔热情和冥思苦想，就幻想取得创造的成功。由于他们没有创造性方法作为指导，并且缺乏新知识和新技能的支持，他们的创造行动大多会以失败告终。

二、大学生创新思维教育的内容

众所周知，创新不是凭空想象，也不是主观臆断和随意作为，它是建立在知识的传播、知识的转换和知识的应用等活动基础之上，又需要扎根在教育土壤中的一种辩证思维过程。培养我国大学生的创新思维、增强其创新意识、提高其创新能力，首先应从开展大学生创新思维活动入手，积极提倡和实施大学生创新思维教育。

大学生创新思维教育的内容，从教育过程来看，应包括：一般思维教育，它是创新思维的基础，这在大学阶段只是进一步提高和强化的过程；发现教育，按照马克思主义唯物辩证法观点，培养大学生去认识自然、去解读社会以及探究人脑思维奥秘；发明教育，培养和鼓励大学生创造新东西包括新技术的能力；信息教育，它是创新思维的基础，尤其在现代社会，信息更为重要。谁最先掌握信息谁就有可能在市场经济海洋里扬帆远航；学会教育，大学生要成为自己的主人，要有主见，具有开放精神，不仅在大学学习阶段能独立自主应对生活现实，而且具备这一品质后，在未来复杂的社会生活实践里也能自由翱翔；还有主体教育、艺术教育、未来教育、个性教育等。从培养目标来看，应当包括以下 5 种教育。

1. 创新意识培养教育

培养大学生创新意识，就是要在大学生群体中形成一种人人崇尚创新，个个追求创新，大家都以创新为荣耀，共同营造以创新为成才目标的学习氛围和社会心理环境。"处处留心皆学问"，在具体操作中，无论是课堂教学还是日常思想教育管理等方面，都要营造一个良好的创新氛围和环境，才能激发大学生产生创新的动机、树立创新的目标，形成强烈的创新意识，并为之奋斗。

2. 创新思维训练教育

创新思维是大学生智能结构的关键，也是大学生创新能力的核心。因此，大学生创新思维教育要注重创新思维的训练。这种训练的目的在于促使大学生努力探索事物存在、运动、发展和联系的各种可能性，以摆脱习惯思维目标的单一性、僵化性。将创新思维的特征嵌入大学生的思维品质，保证他们全面、深刻和娴熟地掌握知识、运用知识去解决实际问题，这样创新思维就将会得到正强化训练。

3. 创新能力拓展教育

创新是反映创新思维主体行为技巧的一种行动能力。大学生的创新能力，并不是空白的，他们在以前的学习阶段已经具备基础性的能力，但与作为大学生或者大学学习阶段的要求相比，是不够的，比方说，属于高层能力的独立开发新技术、新产品的能力还很欠缺，甚至是理论知识已具备，实践能力尚欠缺；口头表达流畅，动手能力欠缺等。高校培养人才，不仅仅是只培养他自己的能力，还要培养与他人协作、合作的能力。所以，通过大学生创新思维的教育可以拓展创新能力的面。

4. 创新热情激发教育

大学生创新思维活动的进行，不只是一个纯智力活动过程，还需要一定程度的心理动力来激发，也需要心理动力来维持与发展。创新情感是重要的心理动力因素之一。积极热心的、健康向上的、甚至是标新立异的创新热情可以使大学生在困难或者艰苦的创新过程中勇往直前、义无反顾。今天这一代青年大学生更需要培养他们的远大理想、坚强信念以及激越的创新热情，如果我们的教育忽视甚至放弃这一根本性要求，不要说创新思维，可能连最一般思维的发展也会不完全。

5. 创新人格塑造教育

"创新是一个民族进步的灵魂"，还是个人全面发展的关键。在一定意义上，创新是人类社会的一种崇高品质，因为它是推进人类文明进步的动力因素，它理性地推动了人类自身利益的发展。大学生正处于身心急剧发展、人格快速形成的特殊时期，其自我意识正由分化和矛盾走向统一和协调，大学期间也正是创新思维培养的好时期。对大学生个体而言，通过创新思维教育，培养一种健康的完整的创新人格，有利于他们优化自己的创新品质，把自我短暂的人生转化成追求人类文明的一种力量。

三、大学生创新思维教育的目标

大学生创新思维教育，要根据其个性特征实施针对性很强、更加贴近大学生创新心理特征和大学生创造活动的教育。并要以此作为现代教育发展的一个思想基础，来达到培养大学生创新思维和实现大学生全面发展的现代教育目的。

（一）转变观念

在高等教育不断改革的过程中，观念的转变已经直接对教育产生了深远的影响和重要作用。一些过去我们习惯的教育教学方法，虽然取得了很大实效，但现在看来许多方面值得探讨，首先有一个转变观念的问题。

教师必须从素质教育的人才观、质量观上来思考教育方法和教学方法，以确立培养大学生具有问题意识的思想为指导。这不仅能够消除传统教育中那种"我讲你听，我问你答，师生信息交流单一"的课堂教学局面，还有可能创造出一种师生情感交融、和谐、学生积极参与、思维活跃，学习主动有效的学习环境。在课堂教学方面，目前已经发生很大变化。计算机已经取代了黑板的部分功能。教师可以事先将必须板书的内容加以现代化处理，而节省较多的课堂板书时间来与学生沟通与交流，这本身就需要教师转变观念，树立新的课堂教学观。

教师要不断引导教育学生，学习是自己的事情，是老师或其他人不能取代的一种个人行为，但又是一种在众多人的互动中进行的；老师或他人只能在有限时间和空间里给予指导、引导学生学习，要解决和发现问题就需要学生自己独立思考、独立决策，钻研问题也需要学生自己独立思考。当然，独立思考和独立钻研，也不是拒绝听取他人意见，相反，在接受知识和研究问题的过程中能具备海纳百川的胸襟，这是一种极可贵的科学品质。大学生尤其需要具有这一品质。大学生创新思维教育就要培养和保护学生的这一品质。

教师要鼓励学生勇于质疑、敢于发问。教师还要让学生明白，学生最神圣的任务是学习，但学习的最终目的还是在于推进人类自身的全面发展、促使社会的进步；在于发现或发明，创造或创新。

无论是教师还是教育管理的其他人员，都需要完成教育观念的更新和转变，都需要接受一种全新的教育理念。只有在这样的基础上，才谈得上全新的教育方法。我们必须认识到，今天的教育必须"面向未来"。由此，新时代对教育的新要求是，第一，从单纯的知识教育转向综合性的素质教育，再从素质教育进一步发展到创新教育。有专家学者认为，综合性的素质教育表现在：要求学生学会认知、学会做事、学会共同生活、学会生存四个方面。第二，从一次性的学校教育转向全社会的终身教育。它表现为在科技迅猛发展、知识不断更新背景下，一个人不可能"一次性"地掌握自己一生所需要的知识；"活到老、学到老"是它的真实写照。所以，在全新的教育认识和教育思想指导下，开展大学生创新思维教育才有可能找到全新的方法。

（二）创设求知环境

一般来说，大学生求知欲旺盛，好奇心强，他们普遍具有一种"追根究底"的心理特点，表现为不满足于教材中关于某些事物的解释、某些概念的界定、某些公式定律的表述；今天的大学生爱思考、爱"标新立异"、爱不断追寻新的"刺激"，常常想进一步了解追究某些现象形成的原因，他们对成年人或书本中的见解会时不时地提出一些新问题或不同的看法；他们喜欢争辩，好追问，思维的批判性也日益增强。那么，大学生的这一求知意识能否得以正常健康表露和发展，则取决于是否有一个适宜的求知环境和气氛。

为了培养大学生的创新思维，我们的教育与教学应努力营造一个民主、和谐、合作的课堂气氛。因为只有这样的课堂气氛，才能让学生勇于质疑，敢于发表见解。比如，在课堂上，有学生站起来说，刘海洋用硫酸泼狗熊是科学实验，因为刘海洋是学化学的，他用硫酸泼狗熊是想观察动物对某些化学液体的反应。我们能不能马上抓住这个"契机"，让学生来一次辩论或讨论？教师针对学生自己提出的问题，创设大家都来思考的一个环境，辩论一下这些问题产生的原因、利弊以及对自己的启示等，这比老师长篇大论的说教效果要好很多。课堂教学尽可能地激发学生参与学习的积极性、主动性。而且，学生在思辨的过程中，既明确了是非界线，又提高了自己的思维能力，这对培养创新思维和增强创新意识不无好处。教师对包括课堂教学在内的学生的学习，应要求他们不迷信书本知识和已经有的观点，不要盲目吸收；对不同观点，甚至是接受不了的东西可以去积极思考和认识。因为有疑问才能促使学生去思考、去探索，去创新。一旦教师把学生引入求知问题的天地，并让他们各抒己见，就可能大大增强学生的创新意识。学生思维的天地就会异彩纷呈。

（三）进行主体性教育

主体性教育问题，就目前我国教育理论界的许多不同观点来看，基本点是一致的，就是"充分尊重、发展受教育者的主体性，培养具有主体性的人"，即"以主体性教育培养主体性的人"。在大学生创新思维的教育中，针对"非主体性的教育"而提出主体性教育，其核心是强调承认并尊重学生在教育活动中的主体地位，将学生真正视为能动的、独立的社会个体，以促进他们主体性的提高与发展。在这样的基础上，才能完成教学过程由知识的掌握、传授向知识的运用与发展过渡。大学生创新思维的培养训练才可以开放出艳丽的花朵。

所谓主体性教育，就是指根据社会发展的需要和教育现代化的要求，教育者通过启发、引导学生内在的教育需求，创设和谐、宽松、民主的教育环境，有目的有计划地组织、规范各种教育活动，从而把学生培养成为自主地、能动地、创造性地进行认识和实践活动的社会主体。主体性教育作为一种新的教育思想，是对传统教育思想的继承和超越，应该说它具有自己的个性特征，如科学性、民主性、开放性等。而这一些特征也正好为培养大学生创新思维奠定了良好基础。

总之，培养大学生的创新能力，发展他们的创新思维，增强其创新意识是现代教育的重要目的之一。

第二章
大学生创新思维的原则原理

大学生创新思维的过程本身，就是对大学生各种能力培养锻炼的过程，本章就是从创新思维的一般原则原理开始，介绍大学生创新思维的一些基本原则原理。

第一节 大学生创新思维的原则

大学生从事创新思维活动时所要遵循的原则，也是大学生进行创新思维规律探索和研究的指导思想和理论基础。在现代科学技术条件下，大学生进行创新思维活动是一种开创性的探索未知事物的高级复杂思维，是一种具有主动性和创见性的思维，必须根据时代发展要求，用新的科学理论作为指导。

创新思维的原则是多种多样的，我们认为在创新思维过程中必须注重以下六项原则。

一、科学性原则

现代意义上的创新思维要求必须具备现代科技知识。创新思维是一种科学的、讲究效率的、有明确目的的行为，绝非异想天开。"永动机"的发明之所以成为科学史上的笑柄，是因为它不符合"能量守恒定律"。曾几何时，"水变汽油"似乎成为一种轰动一时的"创新"成果，但仔细考究，实属荒唐。因为水分子不管在怎样的条件下都不会转化为汽油的分子。相反，爱因斯坦的广义相对论一开始虽然是以假说的形式提出来的，但它却有科学和逻辑基础。因为它是建立在一个古老的实验事实基础上，即"引力场中一切物体都具有同一加速度"。这些例子充分说明，要创新，就必须注重知识积累，要善于学习，向书本学习，向前人学习，向实践学习，只有在理论功底扎实、占有资料祥实、生活感受充实的基础上勤于思考，才能达到一定的理论高度，取得创新的成果。

当今世界，科技进步一日千里，社会变迁日新月异，新生事物层出不穷。据统计，人类的科技知识，19 世纪是每 50 年增长一倍，20 世纪中叶是每 10 年增长一倍，当前则是 3 到 5 年增长一倍。由此可见，知识更新速度加快，知识衰变周期缩短，知识经济初见端倪。置身于这样的时代必须具备现代科学技术知识，这些知识要求也相当宽广，其中主要包括高等数学的基础知识、计算机的基础知识、现代管理方法知识、哲学和社会科学的基础知识，尤其是科学史方面的基础知识。进行创新思维，一个人的观察、分析、判断和归纳的能力在很大程度上取决于上述知识基础。在现代科学技术的条件下，任何违背科学技术原理的思维都不是科学的，当然也就不是创新的。创新思维要遵循并依靠现代科学技术知识与原理。在遵循科学技术原理方面，应当注意以下 4 点。

（1）科学技术及知识的运用过程就是一个创新的过程。这一过程首先通过思维创新表现出来，即从知识的运用、转变的观念中表现出来。在知识经济条件下，书不会白读，知识不可能无用，但仅仅有知识是不够的，还要学会应用它。我们都熟悉英国哲学家培根的名言"知识就是力量"，但培根接着又说："知识的本身并没有告诉人们怎样去运用它，运用的方法乃在知识之外。"

要对自己的思维及设想进行科学技术原理上的检查与分析。这种检查与分析首先要建立在现代科学技术的基础上，反映当代社会的需要及科学技术的发展趋势。如果不符合当代社会的需要及科学技术发展的趋势，这种思维就谈不上创新，最多也就是一种低水平的重复。

（2）创新知识是创新的基础。继承是创新的基础，不继承前人的知识，就不能进行创新。要培养学生的创新思维，首先，必须让大学生具备一定的基础知识和能力水平。创新者必须具备创新知识。强调树立学生的创新意识，培养学生的创新思维，训练学生的创新能力并不是说学校可忽视基本理论和基本知识的教学，相反，只有让学生掌握雄厚的基础知识，日后，才能以简驭繁，触类旁通，不断创新，比较顺利地适应日新月异的新局势。聪明在于学习，天才在于积累。积累是为了创新，创新需要积累。只有创新精神，而没有扎实的有关自然科学和社会科学的学科知识基础，创新就成了"空中楼阁"。学习学科知识要从整体观点出发，不仅要理解各部分的内容，而且要理解各部分内容之间的联系；不仅要掌握该学科知识的内在联系，而且要掌握该学科与相邻学科的外在联系。其次，教师应为大学生提供科学的学习方法，教会学生掌握学习规律，防止死记硬背，使学生在学习中，通过归纳总结，把单个的知识串成线，再把线织成知识网，使所学知识形成一个体系。

（3）在现代科学技术条件下，科学与技术相互渗透的一体化趋势日益明显，创新思维除了要核查设想是不是符合科学原理以外，还应认真考虑它是否能达到预期的技术性能。

创新思维的目的都是要超过已有的科学与技术，并要在实践上可行。如果创新思维的成果达不到预期的技术性能，就失去了创新的意义；如果创新思维的成果经不起科学的检验，它就失去了创新的价值。正如著名科学家钱学森所说的："从思维科学角度看，科学工作者是从猜想开始的，然后才是科学的论证；换言之，科学工作者源于形象思维，终于逻辑思维。"因此，从科学的角度讲，有必要对创新思维成果的技术性能进行论证。

（4）科学创新的内部条件。从科学本身来看，科学本质上是一个创新的活动，这一活动需要一定的内部条件。依据科学创新活动的对象不同，创新活动的条件也不相同。但是最基本最常见的情况可归纳为三种：一是理论与事实发生矛盾，二是理论内部产生疑问，三是不同理论体系之间存在矛盾。

在科学研究中，理论与事实之间的矛盾是经常发生的。科学研究与实践中发现了某种新的事实和现象，原有的理论体系解释不了这种新事实、新现象，这时，原有的理论便面临着挑战和危机。究竟是用原有的理论来克服危机，还是通过革新原有理论来克服危机？这常常引导人们开始新的探索与研究并进行科学创新。至于对理论产生疑问和不同理论之间的矛盾，在科学研究与科学过程中则是推动科学创新的强大动力。

科学的发展凝聚着全人类的智慧和人们世世代代持之以恒的努力。这是一种科学技术和实践的相互渗透，以及熏陶、传授、继承和批判、更新、革命的相互交替。科学史上每个时代的创新都是对以往科学成果的总结和为日后科学发展的奠基。

二、发展性原则

创新的实质就是创造新的符合当代人类社会发展需要的新知识、新理论、新方法与新技术。从结绳记事到现代电脑，从钻木取火到核电站，从驯化动物到克隆技术，从对宏观低速运动的直观认识到量子力学对微观客体的波函数统计解释，科学一如既往地在不断创新中前进。一部科技史，就是不断发现新现象，揭示新规律，确立新理论，创造新方法的历史，正如路甬祥所说："科学有无止境的前沿，世界没有穷极的真理，创新精神是科学精神的应有之义。"但创新并不是无规律可循。创新思维应该是在前人活动的基础上，运用前人留给我们的知识不断地开拓新领域，发现知识、创造技术，引领社会向新的更高的方向发展，尤其是在当今科学技术水平下，创新应树立科学的发展观，应该与历史发展趋势相吻合并引导社会向前发展，代表人类社会发展的趋势与未来。

发展是唯物辩证法的总特征之一。坚持用发展的观点看问题，从不断发展的创造性活动中发现创新规律，并且按照发展的方式不断完善创新的体系和理论，才能适应人类社会的发展。

从创新活动的发展变化看，新的时代必然会出现新的创新，需要人们根据时代发展做出新的认识和新的总结，从中找出其规律，以指导大学生创新活动。人类经历了农业经济、工业经济时代，现今已进入信息时代，创新已成为现代文明的基石，成为对人类历史发展前途和现代国家兴亡起决定作用的一种力量。创新的地位和作用决定了人类对科学的探索是无止境的，在科学上的创新也是无止境的。

（1）科学无终极真理。人类对自然界的认识是个无限发展的过程，任何科学理论体系不管经过多少次修改，发展到多么完善的程度，即使被誉为"经典的科学理论"，它对自然界的认识也是局部的、不完全的、近似正确的。恩格斯早在 100 多年前就指出："真理是在认识过程本身中，在科学的长期的历史发展中，而科学从认识的较低阶段向越来越高的阶段上升，但是永远不能通过所谓绝对真理的发现而达到这样一点，在这一点上，它再也不能前进一步，除了袖手一旁惊愕地望着这个已经获得的绝对真理，就再也无事可做了。"爱因斯坦于 1905 年（发表）和 1915 年（完成）先后创立狭义相对论和广义相对论，否定了牛顿的绝对时空观，揭示了空间、物质、时间、运动之间的本质上的统一性，把牛顿的力学理论作为一种特殊情况概括在内。人们评论相对论是人类思想史上最伟大的成就之一，它不是发现一个外围的岛屿，而是发现整个科学新思想的大陆。

（2）科学无绝对权威。两百多年前，法国科学家拉格朗日把牛顿《自然哲学的数学原理》誉为人类心灵的最高产物，而且说牛顿不但是历史上最伟大的天才，也是最幸运的一位天才。"因为宇宙只有一个，而在世界历史上也只有一个人能做它的定律的解释者。"在经历了 20 世纪物理学革命之后，我们当然不会再坚持这种说法了。科学上没有绝对权威，对自然界的探索和解释永远不会终结，它必然随着人类的探索不断向前发展。所以，对待科学上的权威，我们要树立发展的观点。

（3）科学无千古不易的定论。牛顿力学在 20 世纪所经历的种种批判，打破了传统科学观中的教条主义的迷梦。科学的结论为我们提供了解释未知现象的理论框架以及改造世界的思想工具，它们常常是可靠的，但这种可靠性是有条件的，因而不是绝对的。任何科学理论都有自身的局限性，我们不可能依赖某种理论来一劳永逸、无所不包地解释所有的未知世界，所以，就科学的理论内容而不是精神价值而言，科学永远是"临时"的，它必将随着人类认识自然和社会实践的深入而不断地向前发展。

科学创新精神只主张为了获得那些对于真理的本质上是临时的近似陈述，正是它们构成了科学永恒的主题，人们值得付出无穷的努力。正是由于坚信科学必须处于不断的发展变化之中，才说科学没有千古不易的定论。

三、系统性原则

宇宙间任何事物的产生、发展和变化都有根源，并且是有规律可循的。一般来说，任何事物的发展都是其组织内部各要素、各环节的有机统一，它们是丝丝相扣、节节相符的，并按照自身发展的规律依次向前发展，都有其产生、发展的过程。也就是说，任何事物的产生、发展，都有自己的过去、现在和未来，我们只要了解和掌握某一事物的现在的状态，就能够把握其过去、预见其未来。这就要求我们在研究某一事物时，不要把它当做孤立的事物，而要把它看做是自身有一个发展过程，与周围事物存在着密切联系的事物，即采用系统性原则。

系统性原则要求进行创新思维应做到以下3点。

1. 追根求源

即我们传统上讲的"打破砂锅问到底"。从现存事物出发，追溯它的本源，只有这样，才能真正掌握和把握该事物的产生、发展、变化的规律，对其有透彻的理解，弄清其来龙去脉，才能实现创新。美国华盛顿广场的杰弗逊纪念堂大厦年深日久，建筑物表面出现斑驳，后来竟然出现裂纹，采取若干措施，耗费巨大，仍无法遏止。政府非常担忧，派专家们调查原因，拿出办法。后来报告交上来写明调查结果：

最初以为蚀损建筑物的原因是酸雨。研究表明，原因是冲洗墙壁所含的清洁剂对建筑物有酸蚀作用，而该大厦墙壁每日被冲洗，频率大大高于其他建筑，受酸蚀损害严重。

但是，为什么要每天冲洗呢？因为大厦每天被大量鸟粪弄脏。

为什么这栋大厦有那么多鸟粪？因为建筑物上有燕子最喜欢吃的蜘蛛。

为什么这里的蜘蛛多？因为墙上有蜘蛛最喜欢的飞虫。

为什么这里飞虫多？因为飞虫在这里繁殖得特别快。

为什么？因为这里的尘埃最宜飞虫繁殖。

为什么？尘埃本无特别，只是配合了从窗子照射进来的充足阳光，正好形成了特别刺激繁殖的温床，大量飞虫聚集在此，以超常的激情繁殖，于是给蜘蛛提供超常集中的美餐，蜘蛛超常聚集，又吸引了燕子流连，燕子吃饱了，就近在大厦上方便……

解决问题的结论是：拉上窗帘。

这一步步寻根求源的思维方式，既体现了思维的彻底性，又表现了思维系统性。"拉上窗帘"后来成为人们找到问题根源的最形象表述。

2. 扩展

扩展是以过去已学过的知识为基础，向纵向横向延伸，以加深和巩固原有知识，并创造新知识。与前述一样，任何事物不仅有其产生、发展、变化的根源，而且还有其未来的发展趋势。任何事物一旦产生，其原因有可能是确定的，而其发展趋势则要受到其存在期间各种各样因素的制约，但又不是无规律可循的，寻找其规律的具体实施方法就是类推法，即利用事物的共同性质或特征，由此及彼，触类旁通，扩展到其他事物中去，进一步掌握新的知识。

3. 综合

从思维上升的角度考察创新思维的显著特征就是综合，它本质上是综合性思维，首先是抽象思维和具体思维的转化。这里所说的抽象思维是狭义的抽象思维，即主体在感性认识阶段把表象中事物的属性抽取出来，单独加以反映，形成最简单抽象规定的思维过程。所谓具体思维，是指主体在理性认识阶段对感性认识阶段的许多抽象规定进行综合，达到多样性的统一，上升为具体概念的思维过程。其次，综合是把多样性统一扩大到对表象中的各种事物的综合，即多因素、多层次、多方面、多维度的立体网络综合。对多种学科、多种观点、多种知识（信息）、多种方法、多种工艺、多种部件的系统综合，就可能产生新思维和新成果。例如，美国的阿波罗登月飞船，动员了 2 万多家厂商，约 120 所大学，400 多万科技人员、管理人员和工人共同努力工作，耗资 250 多亿美元建成。构成飞船的700 多万个零部件和许多技术都是已知、已有的零部件和技术，但是经过综合（巧妙地组合），就产生了人类历史上前所未有的登月新技术，并于 1969 年 7 月 21 日，由"阿波罗11 号"飞船把两名宇航员阿姆斯特朗和奥尔德林送往月球，阿姆斯特朗踏上月球实现了人类登月的古老梦想。这就是综合创新思维原则的最好例证。

四、相对最优原则

相对最优原则是指主体在创新活动中进行的多样、多次最优选择所产生的新的、有价值的成果。如果从选择的角度考察人们的创新活动，我们可以把人的创新活动过程概括为多样性的、多次的最优选择所获得的有社会价值的、新颖成果的过程。由于最优选择活动存在于人们的各种创新活动中，所以许多研究创新活动的学者从不同角度论述了选择在创新活动中的重要作用。法国著名的物理学家、科学哲学家彭加勒认为："创造恰恰在于不进行无用的组合，而进行有用的、为数极少的组合。发明就是识别、选择。"美国创造学家 D. N. 柏金斯则把选择看做创新的本质。他写道："了解创造是一个选择的过程，了解各种心理现象怎样作用于选择的过程，了解一个成果之所以具有创造性是选择的目的所致，了解所有这些，那么我们至少在某种意义上就掌握了创造的本质。"

从科技发现、发明过程看，它的每一阶段都存在最优选择问题。科学创造一般可分为四个阶段：问题——假设——验证——成果表达。问题阶段需要最优选择是不言而喻的，而且是关系重大的。德国化学家李比希看准了有机化学方面的问题具有广阔的发展前景，从当时众多的研究课题中优选了这一课题，结果他取得了重大成果，成为法国"化学之父"。著名社会问题专家贝弗里奇引证格雷尔的话说:"研究人员必须运用其绝大部分的知识和相当部分的才华,方能正确选出值得观察的对象。这是一个举足轻重的选择,往往其决定几乎关系到工作的成败,并往往能把一个卓越的发明家同一个只是老实肯干的人区别开来。"假设阶段则需要从若干设想或方案中优选一个。例如,《梦溪笔谈》中记录,在我国古代宋朝时,有一次皇城失火,皇帝宋真宗赵恒命令大臣丁谓负责修复。这是一个十分浩大的工程;在这项工程中,有三件事是最费工时的:一是需要大量的砖;二是需要大量的木材;三是需要把大量的废墟渣土运走。这三件事都存在着运输路程远,旱路运输困难的问题。丁谓考虑了多种设想,经权衡比较,最终选择了这样一个方案:先将皇宫前的大街挖成人工河,用挖出的土就地烧成砖,这就省了从外地运砖的时间,然后将皇城附近的汴河水引入人工河,用来把外地木材从水路运到京城,从而解决了运输困难问题;最后,等皇城修复后,再把建筑垃圾填入人工河,恢复大街。结果节省了大量的人力、物力、财力,省下的费用要以万亿计。这就是优化思考的典型事例。由此可见,能最大限度地节省时间和空间,以最小的代价换取最好的效果,这就是最佳选择的标准,也是高水平创造的要求。验证阶段也需要最优选择。要通过实验验证某个设想,就是通过多种巧妙的实验设计或通过多次实验否定多个设想,并优选和证实其中一个设想。爱迪生在发明和改造白炽灯泡的过程中,对 1600 多种材料进行了实验,才优选出一种最佳灯丝材料。成果表达阶段更需要最优选择。例如,用什么样的信息代码、文字结构和图表公式来表达科学成果,这无疑需要选优。麦克斯韦通过优选数学表达式(麦克斯韦方程),精确而简要地表达了麦克斯韦电磁理论。

在创新思维活动中,相对最优原则的基本方法有以下 3 种。

(1) 由于可供选择的若干设想、方案中已经包含着至少一个具有创新价值的方案,只要通过一次选优,把它选出来就可以直接获得创新成果。

(2) 由于可供选择的方案数量十分巨大,要通过多次选优,才能获得创新成果。

(3) 由于可供选择的方案中本来就不包括现成的创新方案,虽然多次选优,选出几个较优方案也不能成为创新成果,必须把这几个方案进行综合,剔除各方案之短,取各方案之长,才能综合出一个创新方案。

五、构思独特原则

构思独特原则反映了人们思维的独创性。思维的独创性是人类思维的高级形态,也是人类智力的高级表现。它是人们在新环境、复杂情况条件下解决问题时所表现出来的智力品质。它反映出人们创新思维的深度及对事物本质把握的程度,是鉴别人们创新能力高低的重要标志。人们在科学发现、技术发明以及管理创新过程中所进行的一切实践活动,都与思维的独创性紧密相连。

从本质上分析，思维独创性是思维角度的新颖性和思维结果的创新性两者的高度统一。从本质上说，创新思维就是一种新颖性思维。首先，创新思维是突破常规思维、习惯思维的旧程序，采取新程序、新思路的超常性思维。其次，它是突破过去和现在已知的、现成的思路和形式，善于适应不断变化的新情况，以新思路、新方法解决新问题的应变思维。由于超常思维和应变思维都具有思维形式的独创性和新颖性的特征，所以用思维独创性来概括这两种思维的融合，而且思维独创性同时还包括思维成果的独特性，即凡具有思维独创性的"产品"，无论该"产品"是一种新观念、新设想、新理论，或是一种新技术、新工艺、新方法，必定是别出心裁、不同凡响的，具备能够造福社会服务大众的社会价值。

创新思维独创性通常包含着首创性。一般而言，独创的产品都是首创的，首创的产品也都是独特的。成功的发明家往往出奇制胜，他们常常以不同于一般的方式提出一些奇特的设想，使得发明具有突出的实际效果。因此，一项发明的构思是不是新颖别致，有时也可作为它是否有价值的预测标准。如泰晤士河半圆形防洪水闸就是一项很奇特的创新。

原来，涨潮的海水常常会逆泰晤士河而上，如果遇到大潮或特别恶劣的天气，潮水甚至会漫过河堤冲入伦敦城内。为了解除潮水的威胁，需要在下游建造一座防洪水闸。然而要保证平时船只能顺利通航，按传统设计方法，闸门需特别高大，不但造价昂贵，而且施工困难。为此，工程师提出了一种全新的设计思想，用上升"D"形闸门解决了这一难题。

某高中女生发明的"风筒式风力发电装置"获得"2009年上海飞利浦杯青少年专利申请奖"。该发电机用一个喇叭状的大圆筒作为进风口，出风口则设计成一个小矩形，从中"钻"出的风，其速度能提高11倍。只要有风，这种风电机就能发电，因此它不但适合在各地安装，还可以进入百姓家里，比如装在居民的阳台上。出色的发明往往具有独特的构思，但独特的构思却不一定能构成出色的发明。例如，一个美国人曾发明了一种能喷水的闹钟，用一架喷头代替钟铃，这样，任何难唤醒的人也会被冷水淋醒。显然，由于人们不需要这样的发明而使其难以商品化，与此相似。绝大部分的专利都是躺在专利局睡大觉的，这对人们无疑是个提醒。

因此，创新思维要求人们能够打破常规，锐意进取，想人之未想的问题，做人之未做的事情，走人之未走的道路。

六、批判性原则

思维的批判性是指人们在思维活动中善于严格地估计思维材料以及精细地检查思维过程的智力品质。就性质而言，创新思维在思维深度和难度上必须有独立于前人的独到之处，能够看到别人看不到的现象，想到别人想不到的事情，独立地发现问题、分析问题和解决问题，并采用科学的批判态度对研究对象进行深刻的审视。创新思维的批判性原则通过以下 5 个特征反映出来。

1. 分析性

所谓分析性，就是指人们在思维过程中，应不断地、深入地分析解决问题所依据的客观条件并根据具体情况反复验证已经拟定的各种设想、计划和方案。

2. 策略性

所谓策略性，是指人们在思维课题面前，应根据自己实际的思维水平和知识经验在头脑中构成相应的行动策略和解题步骤，并使这些策略和步骤在解决思维任务中发挥效能。

3. 全面性

所谓全面性，是指人们在思维活动中，应善于客观考究正反两方面的论据，认真选择思维目标，始终把握思维方向，随时调整思维步骤，全面控制思维过程。

4. 独立性

所谓独立性，是指人们在思维过程中，不为外界情景性暗示所左右，有自己的独到见解和既定目标，不人云亦云，不盲目从众。思维目标清晰、坚定，思维路径明确、可行，敢于在思维过程中自信、自强和自立。

5. 正确性

所谓正确性，是指人们在思维过程中，应做到思维层次有条不紊、思维路径严格有序、思维结论实事求是，反对那种违背客观实际、凭空想象思维对象、任意捏造思维结果的做法，使思维正确性得到真正体现。

在评判各种创新性设想的方案时，应注意避免轻易否定的倾向。我们知道，在飞机发明以前，科学界曾从理论上进行了否定的论证。显然，这是不恰当的否定，是由于人们运用了错误的理论，或是错误地使用了理论，或是超越了理论的适用范围所致，但更多的是人们武断地规定了某项发明的技术细节却又去证明这种技术不可能达到发明目的。实际上，只有当任何技术细节和实现方式都不可能影响论证的结果时，理论的否定性论证才是有效的。例如，利用能量守恒定律或热力学第二定律来否定永动机是可以成立的，因为无论怎样的技术细节和实现方式都不可能造出永动机。任何机件在运动的时候，都不能不碰到阻力，永动只是理想状态下的理论问题。

为了避免轻易否定的倾向，还应注意另一条原则——不能简单比较，该原则的意思是不同的技术（包括非常相近的不同技术）在原则上是不能简单比较其优劣的。不能简单比较原则与前面的相对最优原则并不矛盾，相对最优原则只是当不同技术的具体目标完全相同时才能成立，而绝大多数技术的具体目标却不尽相同，在这种情况下，简单地进行比较就可能导致错误判断。

不同技术不能简单比较的特点，带来了一些相关技术在市场上共存的局面，这就说明技术具有不排他性质。例如，市场上常见的钢笔、圆珠笔和铅笔并不互相排斥，就连铅笔中的普通木质铅笔、自动铅笔和细芯自动铅笔，也不互相排斥。如果拿写 1 万字所需成本作为标准对它们进行比较的话，也不会有什么决定的意义，因为它们各有自己的优点和缺点，可以适应各自的顾客心理，适用于各自的特定场合。在发明史上，由于对不同技术简单地进行比较而造成失误的事情并不罕见，伊莱沙·格雷由于简单地用传递信息速率评价电话结果使他丧失了最先发明电话的机会和荣誉。

总之，我们在尽力避免盲目过高地估计自己设想的同时，也要注意珍惜它们，因为批判和否定是很容易的，最难得的是闪耀着智慧火花的新思想。

第二节　大学生创新思维的原理

当我们了解创新的原则以后，先不要急着去做些什么，因为这些还只是一些感性上的东西。我们将会碰上各种具体问题，不能照抄照搬。而掌握一些创新思维的原理，将会使我们少走弯路，并将创造从感性认识上升到理性认识。依据创新思维原则和创新思维的特点，它是对人们所进行的无数创造活动的经验性总结，又是对客观所反映的众多创造规律的综合归纳。

一、迁移原理

所谓迁移，是指已经获得的知识和技能，甚至方法和态度对学习新知识、新技能，解决新问题的影响，如果影响是积极的，起促进作用，就是正迁移；如果影响是消极的，起干扰作用，就是负迁移。这一原理就是阐述自然界已经存在的事物、现象的功能、结构，历史上已经产生的工具、知识和技术对要进行创新的思想、观念或事物、技术的影响。主要类型有：

1. 原型启发

原型启发就是从自然界已存在的事物和现象的功能和结构中受到启发，产生新的思想、观念和技术。其理论根据是辩证唯物主义"物质决定意识，意识来源于物质"的基本原理，人类所获得的物质、技术和思想，都来源于客观世界，也正是从这个意义上讲，大自然是人类赖以生存的物质基础。中国古代木匠鲁班发明锯就是典型的原型启发。一次，鲁班在爬山时，不小心被茅草划破了手，细心的鲁班在探索自己的手为什么会被茅草划破时，受到这种草边的细齿的启发发明了木工用的锯，鲁班也因此被尊为土木工匠的始祖。英国医生邓禄普发现儿子在卵石上骑自行车，颠簸得很厉害。那时车胎还没有充气内胎，他一直担心儿子会受伤。后来他在花园中浇水，手里感到橡胶管的弹性，他从这里受到启发，便用水管制成了第一个充气轮胎。这就是原型启发的结果。从科技发展史看，人类所完成的技术发明创造，绝大部分在自然界都可以找到其原型，并且随着人类对自然界认识的不断深入，人类从自然界所获取的技术、思想和观念将越来越丰富、越来越先进。

2. 相似原理

相似就是根据两个相同或相近的事物，把其中一个事物的结构和原理，应用到另一个事物上。美国工程师杜里埃认为，为了保证内燃机有效的工作，必须使汽油和空气能均匀的混合，他一直在寻找解决这一问题的办法。当他看到妻子喷洒香水，于是创造了发动机的汽化器，汽化器与喷雾器相似，这是相似原理的体现。

3. 移植原理

移植是指将某一个领域的原理、方法、结构、用途等移植到另一个领域中去，从而产生新的事物和观念。它山之石，可以攻玉。移植原理就是把一个研究对象的概念、原理和方法等运用于其他研究之中。

移植大多要以类比为前提，类比的特征越接近事物的本质，则移植成功的可能性就越大。比如1864年，巴斯德发表论文，证明有机物的腐败是由于微生物的活动而引起的。英国医生里斯特把这一成果直接移植到外科手术上，从而创造了手术消毒的新的工作方法，手术获得了极大的成功。依照两栖动物的生理特点，发明了水陆两用交通工具。仿照人的手掌、手指，发明了挖土机。像剪刀、钳子、起子、木梳等，都是仿生移植的效应。

4. 模拟类比

模拟是指以某一模仿原型为参照，在此基础上加以变化产生新事物、新观念。美国发明家威斯汀豪斯，看到火车因不能迅速刹车而发生了惨剧，促使他决心创造一种能够同时作用于整列火车的制动装置。他在专业杂志上看到，在挖隧道时，驱动风钻的压缩空气是用橡胶软管从几百米以外的空气压缩机送来的。他从这里得到启发，发明了气动刹车装置，这就是模拟类比的体现。

5. 对应联想

从某一事物的因果关系，推出另一事物的因果关系，这一思维方式就是应用对应联想。如从面包加入发泡剂使面包膨松而节省面粉，联想到塑料生产中加入发泡剂，生产出了省料、轻软的泡沫塑料，进而联想到在水泥中加入发泡剂，发明了加气混凝土，使水泥制品省料、轻巧、隔热、隔音，进而发明了空心砖。以上发明事例是对应联想的结果。

二、综合原理

这里所讲的综合，不是将研究对象各个构成要素简单相加，而是综合其各个构成要素中的可取部分，使得综合后整体具有创新特征。综合不同产品的优点能创造出新产品，如日本松下公司综合了世界各国多种电视机技术特长，创造出名牌产品。

在 20 世纪全世界的重大发明创造中，日本一项也没有，但它善于在别国先进技术的基础上进行综合，却综合出了不少世界上第一流的新技术和新产品。

组合是事物整体或部分按照现代科学技术进行新的选加，是综合原理中常见的一种方式。爱因斯坦对组合作用说得很深刻："组合作用似乎是创造性思维的本质特征。"组合作用的确是创造性思维的本质特征。一个人为了更经济地满足人类需要而将原物进行新的组合，就成了发明家。

组合现象是普遍的。例如原子组合成分子，分子组合成细胞，细胞组合成组织、器官、直到整个人体；个体组合成家庭，家庭又组合成社会等。组合现象又是极其复杂的。我们所赖以生存的纷繁复杂的物质世界，说到底不过是 100 多种元素，200 多种基本粒子，经过不同的组合，也会开放出万紫千红的智慧之花。组合的可能性是无穷的。一个作曲家能够创作出新的乐曲，只是把人们都已熟悉的那几个音符重新加以组合，而且乐曲的组合随着人们创作而展开呈无限趋势。所谓发明创造能力，实际上也就是一种发现和形成一种新关系和进行新组合的能力，所以"组合"应作为创造发明的一个重要途径。组合创造有以下四种组合类型。

（一）主体附加

就是在原有的技术思想中补充新的内容，在原有的物品上增加新的附件，从而使新的物品性能更好、功能更强。这种组合技法最易产生新的组合设想，其特点是：以原有技术思想或原有物品为主体；附加技术思想只起补充、完善或利用主体技术思想的作用。

例如，若把电视机作为一个主体，用缺点列举法可以列举出它的许多缺点，如电视机工作时，放射超紫外线，这一是个缺点。经研究，现在设计出没有放射超紫外线的电视机，如精显电视机等。这种电视机还大大减小了电视图像的闪烁，使画面更清晰。这就是主体附加组合创造性的实例。

运用主体附加组合时，可以参考以下步骤：第一，有目的、有选择地确定主体；第二，全面分析主体的缺点或对主体提出新的希望和功能；第三，考虑在不改变主体的前提下，增加附属物，以克服、弥补主体的缺陷；第四，考虑能否通过增加附属物，实现对主体所提出的新的希望和功能；第五，考虑能否借主体功能，增加一个附件，使其发挥更大的作用。

（二）异类组合

两种或两种以上不同领域的技术思想的组合，以及不同的物品的组合，都属于异类组合。异类组合的特点是：组合对象来自不同的领域，一般无所谓主次关系；组合过程中，参与组合的对象从意义、原则、构造、成分、功能等任一方面或多方面相互渗透，整体变化显著；异类组合是异类求同，因此，创造性很强。

例如，手表、圆珠笔、日历、收音机、电吹风、电熨斗等等组合。

（三）同类组合

这是指若干相同或相近事物的组合。它的特点是：组合的对象是两个或两个以上的同类事物或相近事物；组合过程、参与组合的对象，同组合前相比，基本原理和基本结构一般没有根本性的变化，组合具有对称性或一致性的趋向。同类组合的创造目的是，在保持事物原有意义的前提下，通过数量的增加，来弥补功能的不足，或求取新的功能，或产生新的意义。而这种新功能或新意义，是各事物单独存在时（即组合前）不具有的。例如，"母子灯""双拉锁"等等。

（四）重组组合

重组组合，即在事物的不同层次上分解原来的组合，然后再以新的意图重新组合起来。它的特点是：组合在一件事物上进行，在组合过程中，一般不增加新的东西，主要是改变事物各组成部分间的相互关系。重组组合作为一种创造手段，可以更有效地挖掘和发挥现有技术的潜力。

例如，过去电话送话器和听音器是分开安装的，对这种电话分解后，重新组合，把送话器和听音器组装成一体，就成了新的电话机上的听筒。

组合很容易导致创造发明。如我们常见到的多用柜、两用笔、组合文具盒等，都体现出组合原理。组合也能导致重大的创造发明。美国的"阿波罗"登月计划，可谓是当代最大型的发明创造结晶之一，然而，"阿波罗"计划的负责人却直言不讳地讲过，"阿波罗"宇宙飞船的技术没有一项是新的突破，都是现成技术。问题的关键在于能否把它们精确无误地组合好，实行系统管理。现阶段，组合在创造发明中的作用日趋显著，逐步成为当前主要的创新方式。

此外，组合在经济体制改革中也发挥着巨大作用，如"资产重组"，就是把现有企业各种资源在时间和空间上进行一维、二维、三维和多维有机的组合，从而达到"共振"效果，取得更大效益。至于国际社会和各地区在政治、经济、军事等方面的组合不必多说，这方面的例子有"欧共体""北美自由贸易区"等等。

三、分离原理

组合就是创造；从另一个角度讲，分离也是创造。创造技法中的"减一减"的方法，就是基于这一原理产生的。这一原理就是把某一对象进行科学分解和离散，是与综合原理完全相反的另一个创造原理。比如，把扬声器从收录机中分离出来而发展成音箱等。例如，把眼睛的镜片从镜架中分离出来，发明了一种新型产品——隐形眼镜，从而缩短了镜片与眼球之间的距离，同时起到美容和矫正视力的双重作用。又如，服装设计师把上衣袖子与身子分离，发明了马甲；把领子从上衣中分离出去，发明了假领；把扬声器从收录机中分离出来，发明了音箱。

"功能固定性"的实验，也能说明分离原理有助于创造性地解决问题。德国心理学家邓克尔将一支蜡烛、一盒图钉同时放在桌子上，要求被试者将蜡烛固定在墙上。当蜡烛燃烧时，烛油不能滴落在地板或桌子上。结果发现，许多被试者在规定的时间内没有解决问题，他们想不到利用装图钉的盒子作为蜡烛的支撑物，对他们来说，盒子的功能只是装东西。美国心理学家进一步发现，如果盒子内装有图钉，20分钟内能正确解决问题的，只占被试者的42%；如果让盒子空着，有86%的被试者能正确解决问题。

这个实验表明，把图钉装在盒子内，使被试者倾向于将盒子视为装东西用的，而看不到其他用途。如果将图钉与盒子分开，就能克服人们的功能固定性，让他们看到盒子的其他作用，从而把盒子当作支柱，将蜡油滴在盒子上，并将蜡烛粘在上面，然后用图钉把盒子钉在墙上，从而创造性地解决了问题。

四、还原原理

所谓还原原理，就是把创新对象的最主要功能抽出来，集中研究实现该功能的手段和方法，从中选取最佳方案。通俗地讲，还原原理就是回到根本，抓住关键。

任何发明和革新都有其创造的起点和原点。创造的原点是唯一的，而创造的起点则可以很多。创造的原点可以作为创造的起点，但创造的起点并不都能作为创造的原点，原点是最本质的东西。研究已有事物的创造起点，并深入追踪到它的创造原点，再从创造的原点出发寻找各种门路，用新的思想、新的技术重新创造该事物，从原点去解决问题或者说是回到根本上去抓住其关键，这就是创造的还原原理。

比如我们要设计一种新型运输车辆，可以跳出车辆一定要有轮子的框框，先找到发明的原点：即具有把物体从甲地运至乙地的功能，轮子并不是它的本质。于是，从原点出发，气垫车、磁浮车、弹道车等新型运输工具就层出不穷了。

例如，打火机的发明就是还原原理的具体运用，它把火柴最主要的功能——发火抽出来，把固体摩擦发火改为气体燃烧，从而突破了现有火柴的框框，获得了一大进步。

洗衣机的创造成功，也是还原原理，在创造过程中，先找出关键词——"洗"，即还原。然后明确作用——"清洁"；再提出一个重要条件——"安全"；最后设想一个工艺——"方法"。如采用打洗、捏洗、擦洗、冲洗等。经过采用仿生模拟，与人洗衣对比，再经过选择分析，采用了冲洗办法，使洗涤剂和水加速流动，把衣服上的黏附污物冲洗干净。

马克思在分析资本主义社会结构、状况时，没有像一般经济学家那样思考资本主义社会中引人注目的东西，而是把"商品"这一最根本、最关键的东西抓住，进行深入的分析研究，从而创造性地解决了一系列的理论与实际问题，取得了改变世界的巨大成果。

五、相反原理

相反原理，就是在创造发明的过程中，当运用某种方法解决不了问题时，改用相反的方法。在发明创造中，有时遇到一个不能解决的难题往往需要迂回或从其反面或从其侧面的途径，则能顺利地解决，这就是创造的相反原理。这种原理在创造中使用非常广泛，与它相关的思维方式是逆向思维。

例如：20 世纪 50 年代，世界各国都在研究制造晶体管的原料——锗，其中关键问题是要将锗提炼得很纯。日本江崎博士（1956—1960 在索尼公司，1960 年后在 IBM 公司）

和助手黑田百合子就此进行了探索，但总免不了会混进一些杂质，而且每次测量都显示了不同的数据。后来他们采用相反的操作方法，有意地一点一点地添加进少量杂质，看看究竟能搞出什么样的锗晶体来，结果当将锗的纯度降到原来的一半时，一种极为优异的"反向二极管"诞生了。此项发明一举轰动世界，江畸和黑田百合子因而分别获得"诺贝尔奖"和"日本天皇发明大奖"。

相反原理一般分为功能相反、结构相反、因果相反和状态相反四种类型。

1. 功能相反

功能相反是指从已有事物的相反功能，去设想和寻求解决问题的新途径，从而实现创新的思维形式。如德国某造纸厂，因一工人的疏忽生产中少放了一种胶料，制成了大量不合格的纸张。肇事工人拼命想补救的办法，慌乱中把墨水洒在了桌子上，他随即用那种纸来擦，结果墨水被吸得干干净净，"变废为宝"的念头在他的头脑中闪过，就这样这批纸当吸墨水纸全部卖了出去。后来又有人做了个带把的架子，把吸墨水纸装在上面，一个吸墨器就诞生了。

2. 结构相反

结构相反是指从已有事物的相反结构形式去设想和寻求解决问题的新途径的思维形式。如"第二次世界大战"后，飞机设计师们把飞机的机翼由"平直机翼"改为"后掠机翼"，使飞机的飞行速度由"亚音速"提高到"超音速"。

3. 因果相反

因果相反是指从已有事物的因果关系，变因为果去发现新的现象和规律，寻找解决问题的新途径的思维形式。如在发明史上，奥斯特发现电能生磁，发明了电磁铁。法拉第则利用相反原理提出磁能生电，从而发明了发电机。

4. 状态相反

状态相反是指人们根据事物的某一属性（如正与负，动与静，进与退，作用与反作用等）的反转来认识事物和引发创新的一种思维形式。如圆珠笔随笔珠的磨损变小而漏油，提高了笔珠耐磨性后，笔杆耐磨问题又出现了。日本人中田"反过来"考虑这个问题：为何不把注意力放在笔芯上呢？若将笔芯的油量适当减少，使圆珠笔在磨损漏油之前，笔芯里的油已经用完，不就无油可漏了吗？

相反原理实际上是一种注意力转移，或者说是"换个角度想一想"。很多情况下，一种思路无法解决的问题，用另一种思路也许能迎刃而解。因此，我们在从事创新活动时，应该经常提醒自己"反过来想一想"。

六、换元原理

换元是指对不能直接解决的问题采用"替代"方法，使问题得以解决或使创新思维活动深入展开。换元原理研究的是现实问题，它把现实问题分为两类：一类是在现有条件下就可以解决的，称为相容问题，另一类是在现有的条件下不能达到目的的，叫不相容问题。换元分析就是要分析事物的三个基本要素——事物、特征和量值，把不相容的问题转化为相容的问题，要找出转化为相容问题的最好办法。着重研究变换规律，即如何对不相容问题中的事物进行变换，使不相容的问题转化为相容问题时应遵守什么法则。

这一原理有两个含义。其一是指寻找替代物。如果能寻找到更好、更省的替代品，则本身即是一种创造，像代用材料、代用零件、代用方法等。创造技法中的所谓"代一代"，就是这个意思。比如，在火柴盒上以纸代木，以塑料代替钢材，人造皮革、人造大理石等均属替代物。其二是指人们在发明创造过程中往往要用一事物代替另一事物，通过对代替事物的研究来解决被代事物的问题从而使要解决的矛盾集中化、明朗化，便于人们思路清晰。例如，许多科学领域（地质、建筑工程等）中常用模拟实验，实际上就是一种换元研究。

换元原理具有以下四个特点。第一，应用领域广泛。在科技、生产、管理、教育、艺术、军事等学科中，对事物进行各种定性、定量、定型分析和测算时使用；第二，成果一般是解决问题的新方法等，如检验产品的新方法、统计计算的新方法、度量的新方法、模拟的新方法等；第三，关键是寻找可以代替的事物。相互代替的事物及其等值关系和实施代替的具体方法构成了解决问题的途径；第四，换元事物之间客观上存在着某方面的等值关系。某些事物的某种功能或成分、条件、状态，在另外一个不同的事物上也能够或多或少地表现出来，即说明它们在某方面存在等值关系，我们称这两事物之间有可换元要素。

古希腊科学家泰勒斯到埃及游览，埃及人请他测量金字塔的高度，他答应了。测量的这一天，泰勒斯让助手在地上垂直地面立了一个标杆，不时地测着它的影子。当影子的长度与标杆的高度一样时，泰勒斯让助手马上测出金字塔影子的长度。他说，这个影子的长度，就是金字塔的高度。原来，太阳光是平行的，当标杆的影子的长度与标杆的高度一样时，说明标杆与自己的影子组成一个等腰直角三角形，垂直边与地面上的直角边相等。因此，要测出金字塔的高度，只要测出它的影子的长度就可以。

七、群体原理

创造性劳动是复杂的社会实践活动，需要具备各种各样的才能。但个人的智力和精力总是有限的，不可能样样都懂。这就需要通过合作，把个人的智慧集中起来，依靠集体智慧，拓展思路，实现创新，创造出个人单独无法完成的事业。中国有句俗语："三个臭皮匠，顶个诸葛亮。"诸葛亮是我国古代智慧化身，而普通老百姓的联合与合作也能达到诸葛亮的智慧。通过这一俗语，我们也可以领会群体合作的力量。在现代科学技术条件下，群体合作不仅是联合的力量，而且是倍加的力量，即所谓把大家的智慧集中起来，形成"1+1>2"的力量。

当代的一些科技项目，如人造卫星、宇宙飞船、空间实验室和海底居住实验等，任何个人都不可能单独胜任。美国在1942年开始制造原子弹的"曼哈顿计划"动员了超过10万人，其中专家达几千名。我国科学技术上许多重大成果，如"两弹一星"以及运载火箭、人工合成胰岛素、多颗人造地球卫星等，都是科技界大力协作的成果。为了研制"两弹一星"，全国一盘棋集中力量攻关，26个部委、20多个省区市、一千多家单位的精兵强将和优势力量大力协作，攻破了几千个重大的技术难题，制造了几十万台设备、仪器、仪表。1964年10月16日，我国第一颗原子弹爆炸成功；1966年10月27日，我国第一颗装有核弹头的地地导弹飞行爆炸成功；1970年4月24日，我国第一颗人造地球卫星发射成功，创下了非凡的人间奇迹。这种情况表明，现代科学技术的发展，已经使从事各门学科研究的科学家们形成了一支高度组织起来的社会化的群体劳动大军。进行广泛的横向联系和广泛的有组织的合作，已经成为今天科学研究的重要活动方式，仅靠个人奋斗是远远不够的，而且随着时代的发展，群体的作用越来越显著。据美国科学社会学家朱克曼统计，1901年至1972年间，共286位科学家获得诺贝尔奖，其中有185人是与别人合作进行研究的。在诺贝尔奖设立后的头25年，合作研究获奖人数占41%；在第二个25年，这一比例升至65%；而第三个25年，这一比例已达79%。

创新群体是介于组织和个人之间的人群结合体。创新群体包含三个要素，即相互作用、活动和思想感情。三者的关系不是并列的，而是相互联系的。创新群体成员的活动产生相互作用，在相互作用中产生思想与感情的沟通，思想感情的联系又会进一步影响活动和相互作用。由此可以看出：创新群体是其成员在心理上存在联系，在共同活动中发生相互作用与影响，在相互依存的基础上建立起来的人群集合体。

创新群体合作的形式多种多样，可以长期在一起讨论研究；也可以支持、宣传别人的新理论、新思想；还可以参加学术团体，开展学术交流；更可以是多学科、多专业广泛分工协作。无论哪一种形式的合作，只要合作得好，能充分发挥群体的作用，都有利于创造力的开发和创造成果的产生。一个人如果与世隔绝，接触不到与他同样兴趣的人，那么，他自己是很难有足够的精力和兴趣长期从事一项研究的。控制论的创始人维纳，常以"午餐会"等形式，从大家海阔天空的交谈中，捕捉新思想的火花，从而激发自己的创造。

群体合作有助于集思广益，还有助于相互激励，使每个成员始终处于生气勃勃的状态中。创新群体要培养出一些使群体成员感到富有活力，能决定群体动力的角色。如有思路敏捷文化专业知识丰富的、经常出成果的创新活动的带头人；有经验丰富、善于出谋划策、有一定权威的创新活动的倡导者；有精力充沛、好学上进、年轻有为的创新活动的开路者；有见多识广、互通情报、传递信息的创新活动的联络者；有埋头苦干、心灵手巧、善于实际操作的创新活动的实干家。在群体中，合作者之间应该是和谐一致的，这样，创造活动才能有效地进行。早期的发明创造大多是由个人的智力完成的，到19世纪末期开始，出现了学科交叉的产物，如汽车、飞机等。20世纪中期又出现了全学科以及科学与技术总交叉的产物——人造卫星、宇宙飞船、空间实验室及海底居住实验室等，很明显，这样的发明创造是任何个人都难以单独胜任的。现代的各种伟大创造，都离不开群体的力量，特别是具有不同知识及能力结构人员之间的群体的力量。智力激励法就是依据这个原理产生的。随着科学技术的不断进步，个人在发明创造中如果离开了群体，将会遇到很大困难，甚至一事无成；此外，人与人在一起形成研究群体时，彼此之间往往会相互影响，相互促进，所以，经常在一起商讨、研究问题对于发明创造是很有益的。如果与具有创造性的人经常在一起，那么自己也会富有创造性。利用人才"共振效应"增加自己的创造力，正是群体原理的具体应用。

但是，群体原理并不意味着一个研究课题组越大越好。恰恰相反，研究表明，课题组应控制在尽量小的规模上，以有利于发挥每个人的才能为准。

八、利用原理

利用专利发明进行创新思维就是指创新思维者借鉴已有成果和技术，依据他人的发明专利来启迪自己智慧，从而实现创新的过程。对当代大学生来说，学习和掌握他人的发明专利既是掌握和了解现有技术及其转化的最佳途径，也是学习和掌握当今科学技术发展最新动态的途径，加上自己已掌握的科学技术知识以及在相关方面加强训练，对实现借鉴、创新是有很大帮助的。

专利是人类共同的知识宝库，它通过专利文献（广义地说，专利文献除发明说明书外，还包括专利局定期出版的专利公报、发明与专利分类资料，还有查找专利文献的各种索引和工具书等）表现出来。有效地利用前人的发明专利，不仅是创造发明的重要源泉，还可避免走很多弯路和造成不必要的损失。例如，美国一位在钢铁厂工作的化学家曾耗资5万美元完成一项技术改进，结果图书馆工作人员告诉他，该馆内收藏了一份德国早年的资料（专利证明书），只需花5美元复印费便可得到解决问题的全部资料。这条原理是我们必须掌握的，否则，我们将有可能陷入痛苦的深渊。当我们辛辛苦苦搞出来的发明、创意、商标、服务标记等等，拿出来一看，人家早就有了！而且还申请了专利，申请了商标。而我们面临的是放弃、改变，不然的话，我们将受到法律的制裁。

从法律的角度来说，"专利权"即发明人对发明产品或发明方法的所有权，通常是指一个国家以法律的形式授予创造发明人在一定时期内对该创造发明的独占实施权。专利权是一种具有财产性质的权利，是知识产权，它包括著作权和工业产权，工业产权里包括：发明专利、实用新型专利、外观设计专利、商标服务标记、厂商标记、原产地名称，前三种专利由国家专利局主管，后四项由国家工商管理总局主管。发明创造必须符合专利法规定的条件，才能授予专利权。专利权具有三个特点：独占性、地域性、时间性。这三个特点，与一般的财产权是不同的，因此，对创造者来说，充分掌握并利用专利的特点，也会有助于进行创造活动。利用专利进行发明有以下四个途径。

（一）通过调查专利进行创造发明

由于专利文献的内容广泛，知识覆盖面大，反映新技术快，往往又系统收录了技术发展的全过程，因此，通过专利的调查，往往有利于使创造者掌握科技动态、选择目标、寻求启示以进行必要的创造活动。例如，电灯的发明就是来自一份专利。1845 年，英国的J. W. 斯旺得到一份关于电灯的专利文献，阅读以后，他便考虑如何制造碳丝白炽灯，并且一直没有放弃制造这种白炽灯的想法。到 1860 年，斯旺终于制造了世界上第一只碳化灯丝的电灯，但并不实用。以后，爱迪生读了斯旺发表在《科学美国人》杂志上的文章，得到了启示，又经过艰苦努力，终于造出了具有实用价值的白炽电灯。究根溯源，电灯的发明最先应该是从斯旺看到一篇专利文献开始的。

利用专利文献进行创造活动，一般是按创造者确定的发明对象，从专利文献中寻找有关资料以供借鉴参考，并在其基础上进行更先进的创造发明。当然，也有直接在调查专利文献中找出符合自己需要的发明对象并进行研究的。

（二）综合专利进行创造发明

综合就是创造。在实际创造发明中，有时单凭一两篇专利文献不一定有助于问题的解决，这时可采用综合专利文献的方法进行创造发明。例如：日本现代史上著名的发明家丰田佐吉发明的由柴油机带动的织布机，就是采用了综合专利的方法。丰田佐吉开始研究时，目标并不是一下子就针对织布机的。他为了寻找利于自己企业获得发展的技术，便开始系统地对专利文献进行调查。当丰田佐吉和他的助手审阅了有关纺织的所有发明，并对每个发明都做简短的评语以后，才发现了发明自动织布机的目标，最后终于研制出优良的动力自动织布机，这一发明的成功曾使当时以工业著称于世的英国大为吃惊。

（三）寻找专利空隙进行创造发明

有关材料表明，迄今为止已公布的专利中，具有推广实用价值的专利仅占 15% 左右。

因此，毋庸置疑，在已公布的浩瀚的专利文献中，人们不仅可以找到许多成功发明的脉络，也同样可以找到许多失败技术的脉络，又可找到许多潜在的，经过再一步努力即可望成功的技术脉络。对这些脉络思想的系统研究，可向人们展示出成功与失败的原因在哪里，现有专利未能实用化的关键何在。这种研究别人发明脉络的方法，即寻找现有专利的空隙进行创造发明的方法，有时极为有效。

毕业于加州理工学院物理系的卡尔森，工作期间看到普通复写文件需要耗费大量繁重的劳动，于是，决定发明新的复制方法。最初几次试验均告失败，在以后三四年时间内，他利用大部分业余时间去纽约的图书馆调查专利文献，最后他发现以前虽然确也有人研究过，但都采用了化学方法，没有想到采用光电效应。于是，他利用专利文献中存在的这一知识空隙，提出了将光导电性和静电学原理相结合的新系统——完全干式的照相技术，取得了静电复印技术的专利。

（四）利用专利法和知识进行发明创造

既然存在专利制度，就会伴随出现专利诉讼。大多数搞创造发明的人不大关心专利诉讼，总认为这是律师的事务。其实，凡容易发生专利诉讼的新技术、新产品，往往具有较高的商业价值和销售前途。因此，有一些发明家便通过专利诉讼谙熟专利法，利用它成功地研究出新的专利或新产品。

圆珠笔的发明即为一个实例。现代圆珠笔的原型，早在 1938 年就被两位匈牙利人申请了专利，第二次世界大战期间在阿根廷正式制造生产。美国的雷诺兹于 1945 年从布宜诺斯艾利斯带回了这种圆珠笔，他发现拜罗的圆珠笔并不是一种新设想，美国人约翰·劳德在 1888 年就已发明，并申请获得了专利。由此雷诺兹想到，如何研制一种新型圆珠笔，既在拜罗发明的基础上又不与拜罗的专利发明冲突。这时他想起了向专利律师请教，专利律师精通专利法，知晓如何区别两种类同专利的方法，在不触犯专利法的情况下，就能很快地研制生产出新颖的圆珠笔来。在律师的帮助下，雷诺兹稍做改革，果真大获成功。雷诺兹的圆珠笔立即畅销世界、市场占有率远远超过了拜罗的圆珠笔。

我国目前收藏的国内外专利文献已多达数千万件，因此，充分利用和开发这些专利文献，是促进我们创造发明活动，开发创造力的一个重要途径和方法。

第三章
大学生创新思维的心理

大学生创新思维的心理，主要由创新思维的心理认识过程和创新思维个性特征构成，是在创新主体与创新客体和创新环境之间相互作用的过程中逐步形成的，是大学生在从事创新活动过程中表现出来的一种心理过程、心理状态和心理特征的总和，也是大学生创新意识、创新思维和创造活动的有机结合与协调统一。了解把握创新人才的心理特点，对大学生创新思维的心理进行探索和适当的调适，将有利于大学生创新能力的提高和大学生创新活动的开展。

第一节　人脑与创新思维

一、人脑是思维的物质基础

现代科学研究表明，人类的思维活动离不开物质，大脑是思维的物质器官。人脑从无到有是动物神经系统化的结果，也是一个从不完善，从分散到集中的过程。人脑的形成大约经历 30 亿年。

人脑是由大脑皮层、胼胝体、丘脑、大脑脚、脑上体、四叠体、垂体、脑桥、小脑、延髓等部分组成的。成年人大脑半球的平均长度为 170 毫米，宽度为 140 毫米，高度为 125 毫米。它的重量占整个脑重量的百分之八十。有人统计过，成年人脑皮层的总面积平均为 22 万平方毫米。人类的大脑皮层通常由六层细胞组成，它们按照不同的密度、大小和类型互相交错在一起。脑是通过神经纤维上下左右相互联系来传导信息的。大脑两半球是左右对称的；左侧半球管理右侧半身的运动和感觉；右侧半球管理左侧半身的运动和感觉。大脑的主要机能，简单地概括起来说，是起接受、分析、综合、贮藏、发布各种信息的作用。它的基本活动形式是一种反射过程。机体的一切感官都把信息传到大脑，经过加工、整理，然后发出信息，控制各个器官和系统的活动。思维从本质上来说也是一种反射活动。思维的产生，首先是客观事物的刺激作用于人体的各种感受器，然后通过神经传导，反映到大脑皮层，在皮层中引起不同的感觉。这些感觉被神经细胞所分析、综合，并和过去的刺激留下的印象相联系，这就是思维的简单过程。

　　人的思维能力离不开脑，是不是大脑愈大，人的思维能力就愈强呢？这种提法是不科学的。人体解剖学的资料表明，脑重量因人而异。一般说来，轻的约 1000 克，重的约 2000 克，平均重量约为 1500 克。有杰出才能和成就的人，其脑量也是轻重不一、大小悬殊的。有人曾对几位世界著名的专家学者的脑重量进行列表比较，同是作家，法国的阿纳托尔·弗朗斯的脑重只有 1017 克，而俄国的屠格涅夫则重 2012 克，二者相差近 1000 克，不能据此说屠格涅夫比弗朗斯聪明吧！由此可见，人的思维能力的高低主要不是取决于脑的重量，而是后天社会实践的结果。在认识世界和改造世界的活动中，人们只要勤奋学习，努力钻研，善于总结经验，其创新思维能力会在实践中得到不断提高和发展。

二、开发人脑潜能

　　18 世纪以后，人们开始对大脑的功能进行研究。一般人都认为大脑左右两半球的形状差不多，连接两半球的是一个由无数神经纤维构成的脑梁。脑梁沟通两半球的信号，使之形成一个整体。后来，通过观察人们发现，当脑的左半球受到损伤，那么这个人的语言和逻辑推理能力仍然完好如故。正因为如此，人们把左脑称为优势脑，而把右脑称为劣势脑。误认为右脑在功能上可有可无。这种认识持续了近百年之久。20 世纪 70 年代美国人 R. 斯帕利把大脑两半球的不同功能，尤其是右半球的思维功能揭示出来。他指出：左半球在语言、主体认识和逻辑推理上占优势，右半球在非语言的、形象的、全面直观的设想和掌握上占优势。简单地说，左脑思维功能主要是有时间序列的"数字"思维，而右脑则主要是同时的、直观全面的"模拟"思维。这一划时代的发现，使临床神经心理学迎来了一个新的发展时期，从而为以开发创新能力为目的的"创新学"提供了生理学基础，保证这门新学科的形成和发展。

　　目前，我国的教育特别侧重对逻辑思维和抽象思维的训练，即侧重对左半脑的开发，而忽视非语言训练，即忽视大脑右半球的开发，这是一种缺陷。一个人在儿童时期，不仅要加强语言和数学的训练，还应加强绘画、音乐等方面的训练，从而进一步开发右半脑的功能。

　　人脑左右半脑不仅在语言功能方面分工不同，它们对身体左右侧的感觉和运动的支配也有不同的分工，如左半脑控制右侧肢体的感觉和运动，右半脑控制左侧肢体的感觉和运动。正因如此，身体左右侧分工也不同，如多数人用右手拿筷子，如果换成左手，则真正感到灵活自如的就很少了。因此，对于右侧偏瘫者，一般脑内病因应在左侧，而左侧偏瘫者，脑内病因多在右侧。

心理学家盖特认为，人的思维活动有两种形式，一种是收敛思维，另一种是发散思维。收敛思维主要是左脑思维，而发散思维则主要是右脑思维。左脑思维表现为人的智能，右脑思维表现为人的智慧，经过人的语言而理解了的东西，并不一定成为右脑的直观能力。但是，光靠推理是搞不出新款产品的。只有手脑功夫并用，对所理解的东西进一步体会领略，才能使它上升为右脑的直观思维能力。只有通过右脑直观智慧的指引，左脑的知识蕴蓄才能真正成为力量，做出创造性成就来。有效的用脑方法是使左右脑有节奏地转换，以动员全脑功能，使智力得以发挥。

三、维护大脑健康

人全身最危险、最脆弱的部位是大脑。从古到今，大脑的结构、功能、病变，就一直困扰着人类。人脑是现代人体科学中未解之谜最多的领域。一些科学家指出："未来社会在生命科学领域将有两个重大突破：一个是基因工程，另一个是大脑工程。"到了 21 世纪，一场旨在发现人类自身奥妙的大脑工程研究正在如火如荼地进行。成人的大脑平均1400 克，出生时就有 100 亿个神经细胞，一个人的神经细胞一天可以接受 8600 万条信息。大脑细胞这么多，接受这么多信息，那么我们运用得怎样？经过科学家研究，我们的大脑的神经细胞一生只动用了 3%~5%，一生勤奋用脑的人也只动用了 10% 左右，就是世界上最著名的科学家爱因斯坦善于用两个大脑半球的人，也只动用大脑神经细胞的 17%，而绝大部分还没有动用，这是美国一名医生在 1986 年对爱因斯坦的大脑进行研究后指出的。所以人脑的潜力是非常大的。大脑是越用越灵，越用越发达。生物界的普遍原理是"用进废退"。科学家的研究认为，如果 18 岁到 35 岁记忆力为 100%，那么 36 岁到 60 岁记忆力还有 90%，61 岁到 85 岁记忆力还有 85%。人的记忆力随着年龄的增长而下降。大学时期是人的记忆力最好的时期，也是最具创造力的一个时期。

如何增强大脑的功能呢？

人脑是人体的一个组成部分，要想有一个聪明的大脑，首先，要有一个健康的身体，加强体育锻炼，对神经系统，尤其对大脑功能的增强有很重要的作用。适当的体育锻炼，保持身体整体的健康，这样可以向脑部输送更多的血液和氧气，使大脑清醒，思维灵活和持久。其次，坚持不断地学习是加强脑力活动，促进创新的重要方法，不断地去学习新事物，接受新事物，一生勤奋用脑的人，记忆能力和学习能力都很好。再次，精神上保持积极乐观向上的情绪，也有利于大脑的思维。人的情绪不好会大量地伤害脑细胞。别的细胞死了以后会更新，唯独脑神经细胞死了不能更新，这是正常死亡。所以为了我们的大脑，必须要有良好的情绪。最后，重视大脑的营养，膳食合理、营养平衡，也可以减少脑血管疾病的发生，使大脑保持持久的创新能力。

第二节　创新人才思维的心理特征

人类个体在自己的思维和实践过程中，只要能产生出一种独特的、新颖的、有一定社会或个人价值的成果，这就是创新。简言之，创新是发现、发明、创造等活动的总称。它的实质是抛弃旧的，创造新的。人们习惯把这种活动简单称为创造发明。这种创新型人才在创造发明活动中具有一些共同的心理特点。

一、良好的知觉

创新型人才的知觉应该是良好的。具体表现在知觉信息是丰富的、知觉范围是宽广的、知觉程度是细腻的，从而综合反映出知觉的整体性、理解性和恒常性等一般特性。而空间知觉、时间知觉和运动知觉，非创新型人才的表现是较弱的，有的人几乎没有表现或负表现。良好的知觉还表现在对知觉对象，不仅仅是凭自己原有的经验把它归结为一类，说出其名称或特性等，而且还能够提出一种假想，甚至先否定它，再进一步构思设计。其间创新思维将起重要作用。创新型人才的重要心理特征表现在创新思维方面。"一般认为创新思维是一种基于打破传统观念，冲破旧的条条框框，大胆提出新颖性见解的思维现象。"新颖性又是创新思维的本质所在。创新思维是个体的一种综合思维能力，它是心理认识过程中多个阶段的平衡发展、复合作用的结果。所以说创新思维不仅以人的生理活动为基础，而且也是一个较复杂的心理活动过程。创新思维的形成和发展完全不能脱离其复杂的心理活动。创新型人才在自己的实践过程中，始终由创新思维主导。

二、强烈的动机

创新型人才的共同心理特征是，强烈的创新需要和动机，甚至有时候在个别人的身上表现为一种独特的创新"冲动"。这一创新"冲动"有时让旁人无法理解。需要产生动机，但创新需要不是仅仅停留在主观意识阶段的一种静态的需要，而是一种能激发人的行为和活动，同时维持这一活动不断发展、不断丰富、不断完善、不断进步的需要，只有这种需要才形成行为和活动的动机。创新型人才能够明白地将内心创新需要转化为创新动机，即在现实创新活动中满足需要。开发个体的创新能力资源，其重要前提是培养激发创新的愿望，即创新动机。就心理反映过程看，创新动机同个体实践活动的兴趣、探求新问题的好奇心和强烈求知欲望紧紧联系在一起，一个成长中的个体有某一兴趣，有了好奇心，就会产生"不满足感"。这种"不满足感"就有可能转化为强烈的求知欲望，最终使原本的动机变得更加突出，强度增加。这一创新内驱力推动和促进个体外在行为，以此为基础去探索、去广泛获取知识并向各个方向发展延伸。

三、超常的记忆

对创新型人才而言，超常的记忆应该表现在记忆的速度、准确性和长久性等良好的心理品质方面。记忆速度、记忆准确性和记忆长久性三个要素形成完整的记忆力。一般人或大多数人并不能在实践中完整地表现这种记忆力，要么记忆速度快而不准确，要么记忆准确而不长久等。而创新型人才就不同了，他可以通过科学方法把记忆速度、记忆准确性和记忆长久性统一起来，在创新活动中表现出完整的记忆力。有时候，尽管也可能产生记忆的不完整，即记忆力减弱的现象，但他知道该怎样去寻求解决这一问题的办法，尤其是通过培养本身具有的一种"专注"精神来增强或提高自己的记忆力。这本身就是创新型人才个体良好心理素质的反映，也是与非创新型人才不同之处。记忆这一较复杂的心理活动过程，从信息加工的角度看，就是信息的输入、编码、储存和提取的过程。信息输入和编码合起来就是识记，即记忆的第一基本过程；记忆第二、第三基本过程为保持和再现。一个具有超常记忆力的人，首先在识记过程就表现出他的优势，另外的两个"保持"和"再现"也不减弱。现搁置干扰和影响记忆整个过程的个体内在生理因素不论，就个体应对外在各因素的干扰和影响而言，其能力也是较高的，从而表现了出色的记忆力。创新型人才的创新正基于此。

四、稳定的情绪

情绪与上述知觉、动机、记忆这三类心理活动的反映是不同的，它不是反映对象本体的属性及其与对象内外在的联系，而是个体对所要反映的对象或事物的一种特别态度，一种独特的主观体验。它包括情绪体验、情绪行为、情绪唤醒和情绪刺激认知。因此，一般地说情绪是产生在知觉基础上的。创新型人才在创新知觉过程中，能够将这四个方面协调一致地联系在一起。如考试获得理想的成绩就高兴得满面笑容，而不会突然表现得痛心疾首。如果是后一种表现，那肯定是心理反应异常，也就是将情绪刺激认知或者情绪体验、情绪行为割裂开来，出现情绪分裂，表现出个体心理反应的不协调统一。心理反应的非协调一致，正是情绪波动或不稳定的状态表现。在创新型人才身上有时也会出现情绪波动的现象，由于具有良好的自我调节能力，不至于表现得情绪大起大落，甚至陷于绝境。相反，他会通过各种途径使自己尽快走出困境，以保持情绪稳定，很好地适应环境。创新型人才在情绪上的这一特别态度和主观体验，是健康的或稳定的。

五、坚强的意志

创新型人才应具有坚强的意志。这一心理品质将决定个体行为的可持续性实施和发展，也将直接影响其创新成果的获得。这一优秀心理品质主要表现在：首先，在奋斗目标已定状态下，他会通过周密计划始终不懈地向着目标发展，一步一个脚印地实现阶段性目标；为到达预期的目标，他不怕任何挫折和失败，努力克服各种困难和障碍，坚忍不拔、坚定不移地前进，不达目的誓不罢休。其次，在奋斗目标不确定的状态下，他会大胆探索和追寻自己的某一个奋斗目标，即使在短时间内还难于确定，其心理反应上也不会出现退缩，也不会放弃探索。创新型人才之所以被界定为"创新型"，就在于能自觉地与困难和失败作斗争，锻炼自己的挫折忍受力，使自己成为"创新的人"。在创新型人才的自我意识里很清楚和明白，挫折忍受力是在通过与困难作斗争、战胜挫折、经历失败的过程中逐步培养起来的。总之，创新型人才的坚强意志，不仅表现在靠毅力顽强拼搏方面，还表现在坚持真理的勇气上。特别是他在独立性、坚定性、果断性和自制力这些综合意志品质上更为超群。

六、出众的能力

个体能顺利完成某种活动所必须具有的主观条件称为能力，其中也包括心理特征。能力总是和具体的实践活动紧密联系在一起的，也只有通过具体实践活动才能表现出来；但并不是在进行活动之时个体的心理反应，如在考试时心里紧张、参加考试的个体性格开朗或内向，等等。虽然这些心理特征也在某一程度上影响他考试的结果，但这些心理特征，对他的考试结果还不是起决定作用的因素。起决定作用的因素是，他对所考科目的知识、基本原理、理论融会贯通理解的程度以及运用这些知识、基本原理、理论，在考试中解答问题或做题的技能技巧这些基本能力，再如一个优秀歌唱家的乐感、节奏感、听觉表象以及演唱技巧等，直接决定他的歌唱水平，而这些都必须有稳定的心理作支撑才能正常发挥。出众的能力不是单一的即个体单独某一种的心理特征，也不是仅仅某一方面的技巧或能力特别强，如记忆力等。人们完成某种复杂的活动或工作时，往往会产生或需要多种心理特征的组合，如优秀教师的教学，需要逻辑思维能力、语言表达能力、观察能力和同情心等。因此，日常人们又习惯把多种单一能力的有机组合称为才能。当然，相对非创新型人才来说，创新型人才的"创新能力"也可看成是单一的一种能力。

七、开朗的性格

创新型人才应该具有或具备独立人格和立体交叉的品质。具体表现如，大胆而又积极的怀疑精神、浓厚的创新意识，还有不迷信权威甚至敢于挑战权威的大无畏精神。怀疑作为一种思维方法，是以克服独断论为目的；以人类在一定时期获得的知识作为对象；以人类特有的哲学思辨、概念思维能力为基础的。创新的成功与否，在很大程度上取决于能否对现实中发生的各种现象进行科学分析、概括与总结。创新型人才具有独辟蹊径的勇气，敢于冒险；同时也能够摆脱成功的限制和影响，冲出个体自我表现习惯心理的束缚，并可以不为功名利禄、得失荣辱所左右；心胸开阔、豁达大度。创新型人才人生态度积极进取；对自己严格要求，对他人关心帮助；既有争强好胜的竞争精神同时又有极其自然的超越心态。严格地说，一个杰出的科学家或一个具有科学创新品质的人，最重要的也是第一位的是对科学感兴趣，把从事科学研究和创造发明看成是一个人一辈子的乐趣，其他都是不重要的。这里的"兴趣"也应归入开朗的性格里。如果就人格特性来分析，开朗的性格一般出现在"自我实现型人格"的身上。作为一名创新型人才来说，理当是"自我实现型人格"的人。

第三节　大学生创新的潜在基础

创新型人才思维的心理特征，也应该是大学生需要培养和具备的心理特征。大学生处于精力最旺盛、智力最发达、思维最活跃的黄金时期。他们既有新知识、新观念的支持，又少有旧传统的束缚，因而更有利于创新思维能的培养和创造能力的锻炼。与其他青年群体相比，大学生的智力水平和创造能力有更多的发展机会，其创新意识和创造心理也有自己的特色，并会在其发展过程中表现出来。尽管大学生还不完全具有创新型人才的心理特征，但具有一些非常宝贵的创新基础，表现在生理、心理和品德等方面。

一、生理方面

它是大学生创造力发展的自然基础，一般包括感觉器官、运动器官和神经系统等的影响。生理学和创造学的研究成果表明，人的创造才能最佳年龄段，一般而言，在 24 岁至 29 岁之间。这一年龄段人的思维处于最为活跃、最具创造性的状态，也就是说，大学生正处于最佳创造年龄段的前夕或最佳创造状态的起跑阶段。因此，大学时期是发展创造力、培养创造性的大好时机。

日本创造学专家的研究成果证明，在主要科学研究领域内存在获取创造性成果最佳年龄区，即化学家在 26 岁至 30 岁，数学家在 30 岁至 34 岁，外科医生在 30 岁至 39 岁，天文学家和生理学家在 35 岁至 39 岁。另据统计，从 1901 年开始颁发诺贝尔奖以来，获化学奖的科研成果有不少在 30 岁前做出，例如：

阿仑尼乌斯（瑞典人），28 岁时创立电离学说；

格里拉尔（法国人），29 岁时发明格里拉尔试剂；

韦尔纳（瑞士人），25 岁时创立分子结构理论；

维尔塔南（芬兰人），29 岁时开始发明通过酸化贮藏鲜饲料的方法；

鲍林（美国人），27 时对化学键和分子轨道理论做出贡献；

艾根（德国人），26 岁时对快速测定化学反应动力学的研究做出贡献；

翁萨格（美国人），28 岁时创立不可逆过程热力学基础；

巴顿（英国人），24 岁时开始创建分子结构的主体构象分析理论；

康福思（澳大利亚人），23 岁时开始酶催化反应的立体化学研究，多年后做出重大贡献。

二、心理方面

良好的生理因素是创造力发展的重要物质基础，但它并不等于创造力。与生理因素比较，心理因素在创新人才结构和个性结构中占有更重要的地位。根据美国当代教育学家托兰斯对大学生创造心理特征的研究成果，可以发现创造力强、创新性好的学生具有的心理品质如下：

第一，办事情、观察事物或听人说话时能专心致志。

第二，说话、作文时经常用类比的方法。

第三，能全神贯注地读书、书写和绘画。

第四，完成老师布置的作业后，总有一种兴奋感。

第五，敢于向权威挑战。

第六，习惯于寻找事物的各种原因。

第七，能仔细地观察事物。

第八，能从别人谈话中发现问题。

第九，在进行创造性思维活动时，经常忘记时间。

第十，能主动发现问题，并能找出与之相关的各种关系。

第十一，除日常生活外，平时大部分时间都在读书学习。

第十二，对周围事物总持有好奇心。

第十三，对某一问题有新发现时，精神上总感到异常兴奋。

第十四，通常能预测事物结果，并能正确地验证这一结果。

第十五，即使遇到困难和挫折，也不气馁。

第十六，经常思考事物的新答案和新结果。

第十七，具有敏锐的观察力以及提出问题的能力。

第十八，在学习中，有自己选定的独特研究课题，并能采取自己独特的发现方法和研究方法。

第十九，遇到问题时，常能从多方面探索可能性，而不是固定在一种思路或局限在某一方面。

第二十，总有新设想在脑子里涌现，即使在游玩时也能产生新设想。

毫无疑问，在大学生群体中同时具备以上心理品质的人当属少数，大多数人只是在某些方面具有优势，而在另一些方面存在不足，人们完全不必求全责备，应该结合个人特点，因人而异、扬长避短地制订有关创新心理品质强化和提高的方法。

三、品德方面

大学生的品德因素主要表现在正义感、责任心、献身精神和职业道德等方面。黄希庭等学者曾将 20 种优良品德和 12 种不良品德作为问卷选项，要求被调查的大学生从优良品德中选出最重要的，做得最好的和做得最不好的各 5 种，再从不良品德中选出最讨厌的 5 种，结果在大学生选出的最重要的 5 种品德中，属于事业方面的有"远大理想"和"勇于开拓"，属于为人处世方面的有"公正守信"，属于工作作风方面的有"实事求是"，属于公民守则方面的是"遵纪守法"。该结果说明，大学生的品德观具有明显的年龄特征和时代特征。上述 5 种品德构成了当代大学生的基本品德风貌。

第四节　大学生创新心理的自我调节

大学生创新心理品质是他们创造性人格的核心组成部分，它对大学生的创新活动的开展和调适可以产生巨大的推动和支持作用。创新心理品质的好坏，往往决定着学生开发培养创造力的成败。因此，大学生要不断自我调节创新心理方面存在的障碍和改善创造心理方面现有的品质，全面提高自己的创新心理素质。

一、打破思维定势

所谓思维定势或定势思维，实际上就是一种习惯性思维，其成因是受思维固执性、单一性和守旧性的影响，主要表现为：思路单一、头脑僵化、观点陈旧、理论过时。有了思维定势的人，常常按习惯的思维模式考虑问题，他们不能根据思考对象的实际情况灵活改变思维模式和思维方法，因而容易使自己陷入思路闭塞、思想僵化的困境。

有些大学生如饥似渴地学习知识、积累知识，但在运用知识时却难以突破原有知识框架的习惯性局限，他们对知识的既定含义和思维的习惯方式奉若神明，不敢越雷池半步。对于这些大学生，如若不能破除思维定势的障碍，将严重影响其创造力的开发。法国生理学家 C. 贝尔纳认为："构成我们学习最大障碍的是已知的东西，而不是未知的东西。"

为了改变思维定势的不利状况，大学生应加强在以下方面的自我锻炼：

（1）不断吸纳新思维精髓，扩大知识来源；

（2）不断培养新思维精神，保持进取心态；

（3）不断研究新思维方式，突破习惯束缚。

除此以外，大学生还应经常有意识地使用多种思维方式，甚至应当尝试自己不熟悉或不喜欢的思维方式以破除思维定势所带来的刻板、僵化和固定的思维习惯。

二、消除畏难情绪

创新总是充满艰辛、充满危险的。无论是自然科学还是社会科学领域的新发明和新创造，免不了同传统观念、习惯势力或公认准则、现行标准相对立、相抵触，因而难免要遭到非难和指责，有时甚至会遭到迫害和打击。对于涉世未深的大学生来说，面临创新活动所带来的重重压力，很可能会产生畏难情绪，从而使他们在创新的紧要关头，患得患失、畏缩不前。

畏难情绪是一种伤害大学生创新意识的不良情绪，它会使大学生安于现状、不思进取，远离创新的前沿阵地。为了振奋大学生的创新意志，必须消灭畏难情绪。大学生应当懂得，创新是不怕失败的。既然我们从事的是前所未有的发明和创造，就不可能一帆风顺、一蹴而就。为了弄清雷电之谜，俄罗斯科学家利赫曼尝试利用铁杆将雷电引入室内，终致触电身亡。为了研制安全炸药，瑞典科学家诺贝尔在孤独飘零的小艇上坚持工作，数次死里逃生。他们在发明和创造面前从来都是知难而进。

大学生应对创新过程中的艰难有所准备而不是有所畏惧，应该客观评价困难而不是盲目夸大困难。要敢于尝试、勇于实践，并能正确认识失败。需知，失败也是一种成果，它起码告诉大学生此路不通，并且还为大学生今后创新成功提供参考资料和反面教材。况且，大学生的主要任务是培养创新性思维和创造性能力，重在参与而非成绩、重在过程而非结果。即便创新遇到挫折，也不会受到太多指责，因此，大学生大可不必因惧怕失败而放弃创新。

三、克服自卑心理

有自卑心理的人，往往认为创新高不可攀，非等闲人士所能问津。在他们看来，自己才智平平，要想有所创新简直是天方夜谭、匪夷所思。由于自卑心理作怪，这些人创新意识薄弱、创新灵感麻痹、创新机能退化、创新欲望降低，逐渐对创新无所用心。

实际上，"尺有所短""寸有所长"，每一个人都有自己的优势和强项，大学生不应、也完全不必让自卑心理去侵害自己的心灵。要树立起正确的创新观和认识观，要学会用自己的长处来鼓舞自己不要自卑，用自己的短处来告诫自己不要自满。古人曾说："疑人轻己者皆内不足。"因此，大学生应注意克服自卑心理，要始终不渝地坚信："天生我材必有用"。

四、树立远大理想

古往今来，任何时期、任何阶层以及任何领域的人才，都有着自己的事业目标和远大理想。崇高的理想和伟大的志向是推动大学生开展创新活动的精神动力，它能够使大学生克服困难、排除障碍、知难而进。大学时代是大学生树立正确理想和信念的重要时期，而远大理想和坚定信念是培养大学生创新意志的前提条件。人的意志都是在一定的思想动机支配下产生的，而正确高尚的动机来源于崇高的理想和伟大的志向。在人的行为过程中，行为目的是使行为克服艰难险阻的力量源泉。

大学生的崇高理想应与国家的前途、社会的发展、人民的需要相吻合，其根本落脚点应在造福人类、献身科学之上。美国发明家爱迪生曾说："我的人生哲学是工作，我要揭开大自然的奥秘，并以此为人类服务。我们在世的短暂一生中，我不知道还有什么比这种服务更好的了。"正是造福人类、献身科学这种崇高目的，才能使大学生自觉把个人利益放在国家和民族的利益之后，把个人事业融入社会和集体的事业之中。在选择发明创造的方向时，始终坚持国家和人民的利益高于一切的原则。

五、培养高尚情操

高尚的情操常常能使人的创新人格升华，使其不仅在科学发现上有所作为，而且在为人处世上也成为表率。对于有志于创新的大学生来说，淡泊名利、不计得失、埋头苦干、甘于奉献的精神和态度，将是成功的阶梯；而贪慕虚荣、利欲熏心、投机取巧、剽窃作假的欲望和行为，将是失败的泥潭。

大学生应建立正确的名利观，应向那些具有高尚科学道德、治学态度和敬业精神的人学习，正确处理创新活动中的利益关系，不因"名"而减弱创造动力，不因"利"而丧失创造精神[①]。

六、提高创新的理论涵养

坚实的基础知识、完善的能力结构都是大学生成才的必要条件，但还需要培养他们具有深沉独到、勇于创新的理论涵养，这样才能使大学生的培养模式更为合理。我国清朝著名医学家程国彭曾说："思贵专一，不容浅尝者问津；学贵沉潜，不容浮躁者涉猎。"

对于大学生来说，"理性智慧"是一种宝贵的品质，它可把人们有关创造对象的独到见解和丰富知识融合起来，形成一种新的创造想象，进而推动创新活动的开展。

深沉的理性涵养、独到的理性见解、创新的理性认识可以使大学生的思维具有前所未有的穿透力。因此，大学生要努力培养自己的"理性智慧"，重视创新理论的学习和运用，并主动在实践中检验理论的掌握和使用情况，以促进创新实践的顺利进行。

七、不断超越自我

创新是永无止境的事业。大学生必须树立超越自我、不断进取的目标才能激励自己在创新的攀登途中奋斗不止。一般说来，大学生的进取精神由旺盛的求知欲、强烈的好奇心、突出的上进心等因素组成，这些是使大学生保持进取的强大动力。但仅有上进心还不足以使大学生成为合格的创新型人才，还必须具有超越自我的自信与魄力。世界上最好走的路是下坡路，世界上最难办的事是超越自我、战胜自我。在创新过程中，大学生必须学会自我转换、自我否定和自我超越，这样才不至于在思想上和行动上停滞不前。

当代世界科学技术的高速发展，使发明创造的技术含量大为增加，也使发明创造的产生周期大为加快。大学生在校期间，即便汲取再多的科技知识、积累再多的创造经验，也不能指望能一劳永逸地解决创新所需的知识和经验问题，他们要不断学习新知识、探索新经验，才能应付创新过程中的新问题。

大学生应树立学无止境、创新不止的思想，应敢于并乐于向自己的观点和成就挑战，应在不断否定自我中使自己的创新性思维获得新生、实现超越。

第四章
大学生创新思维的智力因素

创新思维需要一定的智力条件，什么是智力呢？智力是一种偏于认识方面的心理特征或个性特点。一般来说，智力并不全部包括运用知识解决实际问题的能力，它是指人们与学习有关的能力，智力水平往往是一个人学习能力高低的标志。现实中智力并不等于创造力。创造力表现在与活用知识有关的非逻辑思维能力上，主要指人们调动思维因素，干预外部事务，产生创新设想的能力。

人的思维是一个认识的广阔领域，其心理结构包括智力因素（观察能力、注意能力、记忆能力、想象能力、思维能力、操作能力等）和非智力因素（动机、情感、兴趣、意志、性格等）两个方面。智力是创造力的基础，高智商的人可能创造力低，但低智商的人很少有创造力高的。从这个角度看，创造力和智力条件是息息相关的，大学生要提高创新能力，首先要注重智力的开发，它包括：观察能力、记忆能力、思维能力、想象能力、操作能力和自学能力。

第一节 观 察 能 力

观察能力是人们通过长期的观察活动，掌握了观察方法，养成了观察习惯，积累了观察经验，形成了带有观察者个性特点的观察方式。这种能力是一种特殊的知觉能力，它能帮助人们迅速而敏锐地注意到有关事物的各种并不特别显著，却很重要的细节和特征。例如，在一次国际心理学年会上，与会的心理学专家们正在开会，突然从门外冲进一个人来，紧接着又冲进一个持枪的人。两人在会议室里混战一场，随着"砰"的一声枪响，两人又一起冲了出去。场面看起来惊心动魄，但这实际上是会议精心组织的一次心理测验。虚惊过后，会议主席要求参加会议的人立刻写下他们看到的一切。在交上来的 40 篇报告中，只有一篇在主要事实上错误少于 20%，14 篇存在 20%~40% 的错误，其余 25 篇有 40% 以上的错误。在半数以上的报告中都明显存在幻想成分和虚构环节。这次参加实验的人都是心理学的专家学者，可为什么观察结果都很差呢？这个事例告诉人们，并非每个人都有良好的观察能力，即使是文化程度很高，心理素质很好的人也不例外。同时，这个事例还告诉人们，如果没有良好的观察能力，观察者不仅会错过显而易见的事实，而且会创造出许多虚假情节，从而使事物的真相越发难以弄清。

一、观察能力在发明创造中的作用

（一）良好的观察能力是科学研究必备的素质

良好的观察能力对科学研究和技术探索具有推动作用，我国明代著名医药学家李时珍编著药学巨著《本草纲目》时，就多次受益于良好的观察能力。李时珍出身于医药世家，其父亲为了行医方便，在庭院中栽种了许多草药，幼年的李时珍经常帮助父亲照管草药，有机会长期仔细地观察这些草药发芽、长叶、开花、结果的全过程，同时也有机会了解这些草药的药理特性。在随父行医以及后来独自行医的过程中，他抓住了每一个机会，认真观察自然界中形形色色的动物、植物和矿物，一边观察记录，一边采集标本，获得了大量的有关药物学的第一手材料。在观察自然和行医实践中，他发现前人著作《本草》中有许多差错和遗漏的药物，于是下定决心重修整理《本草》。实践中，为了重修《本草》，李时珍博览群书，走访四方，参考历代医药文献八百余种，足迹遍及大江南北。经过 27 年的艰苦努力，终于著成《本草纲目》。该书资料翔实，内容丰富，对药物学和分类学都做出了巨大的贡献。

李时珍著作《本草纲目》的过程说明，深入、正确的观察是人们认识事物发展规律和客观世界的基本途径，它能够帮助人们了解真理，辨别错误，澄清疑问。通过有计划，有目的的观察，可以使人们逐步了解事物发展的过程，深入掌握事物变化规律，因而它是科学研究的重要因素。

（二）良好的观察能力是创新理论的智力基础

观察能力是人们搜集科学事实、获得感性认识的基本心理品质。著名生物学家达尔文通过对自然界长期细致的观察，在丰富翔实的科学资料基础上创立了进化论，就是由观察到创立科学理论的生动实例。

1831 年，达尔文乘坐"贝格尔"号军舰进行环球旅行，有机会对世界各地的自然资源展开考察。在长达 5 年的环球考察中，每到一处都要对当地的自然资源进行认真的观察和研究，发现了大量史无记载的新物种，积累了许多生物学知识，为创立进化论打下了基础。1859 年，达尔文在严密观察和仔细研究的基础上，出版了《物种起源》一书，提出自然选择学说和生物进化论，用有力的证据推翻了神创论和物种不变论，并因此取得了 19 世纪自然科学三大发现之一的硕果。

（三）良好的观察能力是创新成功的决定因素

观察能力强的人，能够观察到一般人容易疏忽的事物细节，把握事物的本质内在联系，因而能够做出科学贡献；而观察能力弱的人，则对发生在眼皮底下的事也熟视无睹，他们找不到事物独具特色的地方，也就不能发挥观察的能动性，所以不能取得科学发现或技术发明的成果。达尔文自己评价自己："我既没有突出的理解力，也没有过人的机智，只是在觉察那些稍纵即逝的事物并对其进行精确细致观察的能力上，我可能在众人之上。"

（四）敏锐的观察能力是捕捉机遇的心理条件

希望在发明创造活动中取得成功的人，应具有敏锐的观察力，他们能看出事物与众不同的地方或一丝半点的线索，再经过思维的放大作用，使之成为揭露事物内部信息、发展规律、相互联系的重大突破口，英国细菌学家弗莱明在谈自己捕捉机遇发明青霉素时，曾自豪地说："我的唯一功劳是没有忽视观察。"发明创造的历史表明，具有敏锐的观察能力的人他们在心理上始终对观察的结果保持高度的警惕，注重事物在发展过程中异乎寻常的地方，都善于及时捕捉发明创造的机遇。

二、观察能力的培养

观察能力是创新型人才必须具备的条件之一，良好的观察能力，不是与生俱来的，而是在学习和生活中通过实践培养出来并通过训练加以提高的，如何培养观察能力呢？可参考以下几方面。

（一）培养浓厚的观察兴趣

兴趣是观察的向导，好奇是观察的动力，而追求真理，探索科学，献身社会是兴趣产生的源泉，也是兴趣能经久不衰，持之以恒的关键。一般说来，大学生对不感兴趣或兴趣不大的事物是很难进行耐心细致、长期持久的观察的。所以要对科学领域中发生的现象有所发现，必须先培养起创新的欲望和观察的兴趣。

（二）培养良好的观察习惯

良好观察习惯的形成，应注意以下三个方面，首先要培养有目的、有计划、有选择地进行观察的习惯。发明创造实践中的观察既需要有明确的观察目的和严密的观察计划，也要有适当的观察中心和一定的观察范围，并保证把观察的焦点聚集在所观察的事物上。其次要培养观察的习惯，重复观察是获得正确观察结果的保证，因为重复观察有利于消除观察误差，强化观察效果。再次，要培养随时观察，随时记录的习惯。观察结果是观察过程和观察行为的产物，应该采用记录的方式而不是记忆的方式保存。内容复杂，细节繁复的观察结果单靠大脑记忆是不可靠的，所以在观察过程中应随时进行全面、准确的记录，以备科学研究之用。

（三）培养科学的观察方法

观察问题的深入、认真、细致、持久、精益求精、分析透彻等，都是观察者的优秀心理品质，而科学的观察方法，可以帮助大学生进行合理、客观和正确的观察。这就要求在观察过程中，既要善于观察事物的全局和整体，也要善于观察事物的局部和细节；既要善于观察转瞬即逝的现象，也要善于观察发展缓慢，持续时间漫长的现象。把握和发展科学的观察方法并将其作为自己追求的目标，不断从其他学科中吸取知识和借鉴经验，使自我的观察方法不仅有科学理论做指导，而且有科学步骤为依据。

（四）培养敏锐的感觉能力

人观察的过程，是一个多种感觉器官同时工作的过程。人的感觉能力越强，对事物的观察就会越全面，越彻底，越准确。提高大学生感觉能力的关键在于社会实践，要在实践中锻炼自己的意志品质、发展自己的感受能力，尽可能让自己的多种感觉器官参与活动，从而提高自己大脑的综合能力和观察能力。

第二节 记 忆 能 力

从心理角度来说，记忆是人脑对过去经验中发生过的事情的反映。它的基本过程是"记忆""保持""再认"或"重现"。人们经过的事情，都可以经过"记忆"而作为经验在头脑中保持下来，并在一定条件下还可以得到恢复，这就是所说"再认"或"重现"。记忆和感觉一样，也是人们对客观事物的一种反映形式。但记忆不是对当前作用于人脑的客观事物的反映，而是对过去经历过的事物，如感知过、思维过、体验过或操作过的记忆犹新，对游览过的景色历历在目，对使用过的技能印象深刻，实际上这都是记忆在起作用。

人们常用记忆力作为记忆能力好坏高低的衡量标准，平时人们所说的记性就是记忆力。记忆力是人脑贮存和重现过去经验知识的能力，也是大学生创新型人才开展工作学习和进行发明创造不可缺少的基本条件之一。

一、记忆力的评价标准

人的记忆力有强弱之分、好坏之别。有的人记得快而准，有的人记得慢而差，每个人的记忆力都不同。在鲁克成编著的《创造心理与技法》中，评价记忆的标准有 6 项。

（一）记忆的敏捷性

主要指记忆的速度。人们能够在较短时间内记住较多的东西，就是记忆敏捷性的表现。记忆的这一品质与人的"暂时神经联系"形成速度有关。"暂时神经联系"形成得快，记忆就敏捷；"暂时神经联系"形成得慢，记忆就迟钝。

个体之间的记忆的敏捷性相差很大，比如几个人同时记一份材料，经过一段时间准备之后，有的人倒背如流，有的人却所记不多，表现出记忆速度上的明显差异，而这种差异有可能会影响人们的记忆容量和记忆质量。记忆的敏捷性对大学生创新性人才来说十分重要，它是提高记忆能力的先决条件。必须注意，有人虽记得快，但忘得也快，所以不能用记忆的敏捷性来代替其他评价指标。

（二）记忆的持久性

记忆的持久性主要指记忆的巩固程度。它表现为人们记忆的信息能长期保持在头脑里，有些终生难忘。例如，几个人"识记"同一事物，经过一段时间以后，有的人记忆犹新，有的人印象淡漠，有的人已经基本全忘了。这说明人们的记忆持久性彼此之间存在很大的差别。

记忆持久性是保持和发展良好记忆能力的重要条件，它可以通过培养和锻炼而得到改善与提高。

（三）记忆的正确性

记忆的正确性主要指记忆的质量。人脑中记忆的东西不发生歪曲、遗漏、出错等现象是记忆正确性的表现。记忆的正确性是一种非常宝贵的品质，在记忆能力的品质体系中占有重要地位。大学生必须注意，为了发展记忆的正确性，最初"识记"正确与否非常重要，它往往会对大学生的心理活动产生很大影响。同时，大学生还应当注意克服主观性，培养客观性，在回忆过程中不掺和任何个人主观联想，使记忆的正确性得到有效保证。

（四）记忆的系统性

记忆的系统性，是指人们根据记忆内容的严密体系去系统地安排记忆，以使头脑中记忆的信息能够分门别类，有条不紊，顺理成章。

为了使记忆具有系统性，大学生要特别注意记忆的循序渐进问题，即要做到由少到多，由浅入深，由近及远的按序发展。此外，还必须注意合理选择记忆内容，不要贪多，贪快，要主次有别、轻重有别、缓急有别地进行记忆，这样才能使记忆呈现出系统性的特点。

（五）记忆的广阔性

记忆的广阔性是指人们在科学的基础上，去记忆多方面的有用知识。随着现代科学技术各学科交叉、综合趋势的日益明显，发明创造所需要的知识涉及面越来越广。因此，人们不仅要记住本专业的重要知识，还要记住与本专业有关的学科知识，甚至要记住一些表面上看起来与本专业无关，但在今后可能有用的知识。

大学生要使自己的记忆具有广阔性，就要在头脑中形成并巩固多方面的"暂时关系"系统，建立起记忆广阔性的生理基础。还应注意，只有把记忆的广阔性与记忆的系统性结合起来，才能形成具有系统性的广阔性记忆。

（六）记忆的备用性

记忆的备用性是上述几种品质的综合体现。它是指人们可根据需要，随时从记忆仓库中迅速准确地提取有用信息材料的特性。实际上，人脑中储备的信息就好比是图书馆分类保管的书刊，需要时可供人迅速取用。只不过人们的记忆备用性存在差别，并由此造成记忆效果的好坏之分。

在发明创造中，记忆的备用性非常重要，因为人们储备知识是为了应用。有了记忆的备用性，才有思维的广阔性和思维的灵活性。

二、记忆力的培养训练

科学研究和实践证明，人们的记忆力可以通过科学训练来改善和加强。在这个过程中，大学生可以从自己的实际出发，选取适合自身特点的记忆方法以提高自己的记忆力。

自觉培养自己的记忆力，这方面有几个要素要注意，首先，记忆的目标要明确。目标越明确越具体，记忆的效果就越好。记忆的目标明确清晰，可以使大脑细胞处于高度活跃状态，容易接受外部信息，有利于形成准确的记忆。其次，积极思维，充分调动自己的感官系统，大学生的记忆主要是以理解记忆为主，应该在思考的过程中进行记忆，死记硬背记得快但忘得也快。在记忆过程中，还要保持注意力集中，精力集中，保持时间的完整性和持续性，因为全神贯注可以使人在学习和记忆时的大脑兴奋点增多，从而对事物记忆深刻，印象牢固。第三及时复习学过的知识，复习可以帮助人们巩固记忆，强化信息，而且能够帮助人们加深理解、增长知识，复习的内容，复习的形式，复习的时间安排都应根据自己的具体情况而定，对大学生来说，学过的知识，复习的越早，记忆的效果就越好。

三、学会用脑提高记忆的能力

情绪稳定可以提高记忆效果。记忆既是一种生理过程，也是一种心理过程。良好的情绪，能使人充满自信、集中精力、明确目标，这对提高记忆力是非常有利的。相反，人在情绪沮丧、信心低落时，记忆都特别淡漠和特别短暂，记忆力大大低于正常水平。因此，大学生在学习和生活中应克服不良情绪干扰，使情绪始终保持在积极向上的状态中。

劳逸结合，合理用脑。人的大脑同一部精密的机器一样，需要保养和维护。长时间使大脑处于紧张或过劳的状态下，人的大脑就会缺氧，思维活动就会减退，记忆力也就会相应下降。因此，要提高记忆力，就要保证充足的睡眠、适当的文体活动，再就是合理的饮食，使大脑有充分的营养物质供应，为记忆提供物质基础。

四、掌握适合自己的记忆方法

科学的记忆方法，能使人们的记忆能力得到很大改善，并能使人们的记忆效果得到极大的增强，所以大学生应掌握行之有效、科学合理的记忆方法。同时，大学生还应根据个人的特点，形成自己独具特色的记忆技巧。

下面提供几种记忆方法供大家参考。

（一）规律记忆

任何事物的发展都有一定的规律，把需记忆内容的规律找出来，然后根据这种规律进行内容的记忆，比死记硬背的方法既科学合理，也要轻松愉快得多。

（二）重点记忆

记忆时，抓住重点，以点带面、巩固印象，可以减少记忆的时间和精力，避免在小问题、枝节问题上做文章，浪费人力。尤其注意记忆的内容应简要精练，避免繁琐冗余。

（三）分段记忆

把那些内容复杂的客观事物或文字材料"化整为零"，进行分段或分块记忆。对于大段的文字材料，如果能够根据内容和层次分成若干小段，再进行逐段记忆，不仅能够使记忆的工作简单易行，而且能够使记忆的效果大为改善。

（四）全文记忆

按照文章的总体思路和根本要义，把全文作为整体加以记忆。它可以帮助人们从本质上掌握文本内容的内在联系，这种内在联系往往可起到提高记忆、强化记忆的作用。

在日常的学习和工作中，每个人可以根据自己不同的记忆特点，摸索出不同的记忆方法，如趣味记忆、对比记忆、朗读记忆、运动记忆、卡片记忆、复习记忆、推理记忆等等，在记忆时都可以灵活采用，关键在于从实际出发，选取适合自身特点的记忆方法。

第三节　思维能力

思维作为人脑的高级运动形式，是人脑的机能和属性，是人脑对外部客观世界的反映，是一个包括接受、加工、储存信息以及对信息进行再创造的能动过程。思维能力是人们在进行思维活动时表现出来的个体心理特征，是创新能力的核心部分，在大学生创新活动中起着不可替代的关键性作用。

一、思维能力的特点

思维能力是思维的智力品质，它是个体思维活动智力特征的表现，也是衡量思维发展能力、发展水平、发展的个别差异的重要指标，包括以下 6 个方面。

（一）思维的开放性

思维的开放性表现在思考问题时，视野开阔，善于在广大范围内进行创造性思维，但又不忽略与问题有关的一切重要细节。我们通常所说的统观全局，闻一知十，触类旁通，就是思维开放性效应。

（二）思维的深刻性

思维的深刻性，也就是思维的深度。指善于钻研问题，善于抓住事物的本质和规律，见微知著，一叶知秋，抓住事物的关键之所在，揭示事物的根本原因，并善于预见事物的发展规律和结果。

（三）思维的敏捷性

这一思维品质表现为能够迅速地对外界刺激做出反应，迅速地觉察问题并提出解决问题的正确途径和方法，善于适应紧迫的情况，多谋善断等。所以人们常用"思如泉涌""应对如流"来形容才思敏捷的人。

（四）思维的批判性

思维的批判性表现为善于根据实际情况创造性地思考，不人云亦云，不盲从附和，不唯书不唯上，不顶礼膜拜权威，不轻信现成的结论，敢于向保守的观念、理论、观点挑战。这种思维品质是大学生批判旧的，建立新的，大胆创新的必要前提。

（五）思维的灵活性

思维的灵活性表现在根据事物的变化，运用已有的知识经验，及时地改变原来拟定的方案，机智地提出解决问题的新方法。思维的灵活性也称为变通性，因地制宜，量体裁衣，随机应变，正是这种思维品质的具体表现。思维的灵活性，还体现在敢于接受新思想、新观点、新方法，及时改变和纠正陈腐落后的思想，更新观念，调整知识结构等方面。

（六）思维的创造性

创造性思维是一种具有开拓意义的思维活动，即开拓认识新领域的思维活动，创造性思维能力是思维多种特性的综合表现。没有思维的灵活性、开放性、深刻性、批判性等，就没有创造性。因此，创造性是思维的最根本的品质。要提高人的思维能力，完善人的思维品质，最主要的就是培养和发展思维的创造性。

二、思维方式的变革

随着社会的不断发展，人们的思维方式正在发生深刻的变革，这是社会实践的结果，又是社会实践进一步发展的要求。思维方式必须适应现代化的要求，要面向未来，面向世界，面向现代化。怎样实现思维方式的变革呢？

（一）从封闭的思维方式转向现代化的开放的思维方式

封闭的思维方式就是把自己与周围的事物割裂开来，满足于现状，不求进取的一种孤立的思维方式。作为一个现代社会的大学生，不能只知道自己和自己比，不关心国与国、地区与地区的交往和经验交流。一个系统只有不断同外界进行物质、能量和信息的交换，才能发展自己。

（二）从静态思维转向信息的不断调整的动态思维

"天不变，道亦不变"是静态思维方式的典型概括。动态思维方式，要求人们提高接受处理信息的能力，既要善于把握事物未来的发展趋势，又要善于对事物进行比较，在对比中明确进一步发展的方向。20世纪以来，时代前进的步伐更为急速，科学技术加速发展，科技发明向生产转化的周期大大缩短，实践的步伐加快了。这就要求人们的思维方式由保守的静态思维转向开放的动态思维。

（三）从经验型的思维方式转向知识、智力型的思维方式

经验是人们在实践中总结出来的感性认识水平的知识，还未认识到事物的本质和规律，具有很大的局限性，只有在一定的实践水平上，一定的条件下才是有效的。习惯于用过去的经验解决新问题，并不是总有效的。知识、智力型的思维就是科学思维。它是在掌握事物的本质和规律的基础上，依靠科学技术进行决策，利用科学技术进行生产和管理。

（四）从单一僵化的思维方式转向多样化创造性思维方式

经验型、封闭型的思维方式必然导致单一僵化的思维方式，这是小生产的活动方式在思维方法上的表现。单一僵化思维方式的特点是思想僵化，禁锢在各种"精神枷锁"中，书上没有的，文件上没有的，就不敢去想，思想随风倒，什么事都一刀切。多样化创造性思维方式，要求在对立统一中进行思维，从不同的角度，以不同的时间、地点为转移，实事求是、灵活多变、与时俱进。

（五）从简单的分析与综合到高度的分析与综合的统一

分析与综合本来是思维的两个方面。分析是把客体事物的整体分解为各个部分，对它们逐个加以研究的方法。综合是把对客观事物的各个部分、方面、要素的认识统一起来，在思维中形成对客观事物整体性认识的一种方法。

现代分析与综合都发生了根本变化。一方面，由于实践活动的深层化，因而分析性的

思维越来越细。现代科学已经分化为许多个分支构成的网络体系，各领域之间的联系越来越复杂。另一方面，越来越细的分析性思维又要求高度综合性的思维产生，它是以科学分析为基础，以复杂性、相关性的客体为对象，以实现更高层次的主客体统一为目的的高度综合性思维。

三、思维能力的锻炼

思维能力是创新型人才智力结构的核心部分，在大学生智力体系中有着重要地位，起着主导作用。思维能力经过不断的实践和自觉的培养是可以不断提高的。

（一）学习科学思维的方法

一般说来，思维的主要形式有：概念、判断和推理。思维的主要方法有：分析与综合、归纳和演绎、从抽象到具体、逻辑和历史的统一等。随着现代科技的发展，人们又总结出一些新的科学思维方法如：控制方法、信息方法、比较方法、发散性思维与收敛性思维方法、形象思维与直觉思维方法等等。这些都是人们进行有效思维所必须依据的基本方法。了解、掌握和运用它们，对培养大学生创新思维人才的思维能力有极大帮助。

（二）养成独立思考的习惯

发展独立思考和独立判断的能力，应该放在首位，而不应当仅把获得专业知识放在首位。大学生应该养成独立思考、积极思考的习惯，这才有助于发现问题，提出问题，走上发明创造之路。

大学生要培养独立思考的习惯，首先必须破除依赖他人、依赖外援的心理，坚持从小事做起，从眼前做起，逐步形成信任自己和依靠自己的作风。同时不排除和放弃向他人学习的机会，真正吸取他人之长，弥补自己之短，使自我的独立思考能力有稳步的改善和提高。

（三）注重思维经验的积累

丰富的经验和广博的知识可以推动人们思维能力的发展。人们提出问题或提出假设与验证假设都与其知识和经验的积累程度息息相关。知识和经验可以使人产生广泛的联想，从而使思维灵活而敏捷，迅速而果断。所以，无论在思维过程中，还是在行为实践中，人们通过深入思考并积累相关经验，就能够为以后的创新打下牢固基础。

对于当代大学生来说，书本上的理论知识已有一定积累，但还必须加强对思维经验的总结和积累。当能够熟练地运用思维经验解决具体思维问题时，他们的创新思维能力才有了质的变化和跃进。

第四节　想象能力

想象，就是在人们的头脑中，把过去感知的形象进行加工以创造新形象的过程。从思维学和创造学的角度分析，想象是新形象的创造，尽管想象的内容常常超出现实生活，但想象并不是凭空捏造，它是建立在一定的客观现实基础上的，它与现实密切相连，是反映客观现实的各种形象的组合过程。

想象力具有极大的能动性和积极性，它可以赋予智力以活力，也可以增进智力或其他因素的效益。发明创造者通过想象，能使智力活动打破时间和空间的限制，使人们看得更远、想得更深。爱因斯坦曾断言："想象比知识更重要。"

一、想象力的品质结构

想象力的品质结构主要包括想象的现实性、想象的生动性、想象的丰富性、想象的主动性以及想象的独创性。大学生要想提高自己的想象能力，就必须建立合理的想象力品质结构，这样才能促进大学生想象力的全面发展，并提高大学生的发明创造水平。

（一）想象的现实性

想象的现实性是指想象与客观现实的符合程度，想象是大脑产生新映象的过程，但构成想象的各种形象材料却必须来自客观现实，不能凭空想象。丰富的想象离不开活生生的客观现实。飞机在天空飞行的最早雏形源于鸟在天空翱翔；潜水艇的出现源于鱼在水中的遨游。想象能否实现，也离不开客观现实的检验。缺乏客观现实基础的想象，只能是一种空想，永远也不能实现。试图发明不老仙丹的想象或是发明永动机的想象就属于空想。

（二）想象的丰富性

想象的丰富性是指想象内容的充实程度。想象的丰富性对思维的广度、深度和灵活性有较大影响。想象丰富的人，对所研究的问题，能从不同方面，不同角度，不同层次展开想象和探索，因而思路较宽，办法较多；想象贫乏的人，由于不能从多角度、多层次、多方面考虑问题，因而思路较窄，办法较少，妨碍了发明创造活动的进行。因此，要使自己的想象具有丰富性，就必须最大限度地储备表象。要做到这一点，就要充分调动人的各种感觉器官的功能，对客观事物的个别表象与一般表象进行有机的分析与综合。同时，要把记忆表象、理解表象、联想表象、创造表象等有机结合起来，从多方位、多信息的角度去把握事物的表象。

（三）想象的生动性

想象的生动性是指想象表象的鲜明程度。人们想象越生动，在他们头脑里浮现的形象就越鲜明，从而成为发明创造活动的精神动力，推动发明创造活动的顺利进行。相反，如果人们缺乏生动的想象力，则其想象的映像浅薄，并具有片面性，必然会影响发明创造活动的开展。对于从事新技术、新产品、新工艺、新材料或新事物开发研究的人来说，其想象生动性的程度如何，直接关系发明创造成果的取得，所以人们一定要重视想象生动性的培养和锻炼。

（四）想象的目的性

从表面看来，想象似乎是无限制的，人们可能凭借自由丰富的想象，超越空间和时间，海阔天空、胡思乱想。但是，具体的想象一定要有目的，要围绕一定的目的进行，无目的的想象是没有意义的。带有一定目的的想象，才能使想象力按一定的方向发展，不至于离题千里、迷失方向。没有目的的想象，会导致两个极端，要么像脱缰野马、无法驾驭；要么无法展开，在原地绕圈子。要做到有目的的想象，必须注意以下几点：第一，要发挥主观能动性，只有充分调动人的主体意识，想象才有方向；第二，是要根据目的确定具体的课题，想象才有中心；第三，是要有持之以恒的精神，才能使想象变成现实；第四，要养成主动想象的习惯。大学生具有这些品质，就能根据研究课题的需要，使想象指向明确，充分发挥想象的作用。

（五）想象的独创性

想象的独创性是指想象表象的与众不同或标新立异的新颖程度，想象的独创性是想象的重要品质。因为想象的独创性越高，创造发明成果的技术水平也越高。从本质上看，发明创造是探索未知的活动，为了取得发明创造的成功，仅靠前人或他人的经验是不够的，只有具备想象独创性的人，才能提出独具特色的建议、设想和看法。如果想象独创性水平较差，就容易跟在别人后面亦步亦趋，其结果的模仿性就越大，创造性含量也会降低。因此，大学生必须把提高自己的想象独创性放到重要位置来对待，通过加强独立思考能力的锻炼，使自己的想象独创性得到增强。

二、想象力在创新中的作用

（一）想象是产生假说的基础

人们在发明创造活动中常常需要提出假说，而假说是人们想象力的直接产物。科学家在探索事物的规律时，需要预先在头脑里做出假定性解释，并提出假说。实际上，人们在工作中通过观察获得大量的科学材料，但这时还处于感性认识阶段，由于研究对象复杂性的影响以及人们自身认识水平的限制，人们的认识必须经历由表及里、由此及彼的过程，才能逐步深化，在由感性认识向理性认识飞跃的进程中，作为科学认识中达到理性认识的阶梯的假说，是想象猜测的产物。借助于想象力的翅膀，假说可以冲破有限科学事实的局限，导致科学的新发现。所以，没有想象这种能够超越事实的功能，就产生不出科学假说，因此牛顿曾说："没有大胆的猜测，就没有伟大的发现。"

（二）想象是促进科学创造的先导

创造是以想象为先导的。一般情况下，人们在发明创造开始前都会通过想象在自己头脑里拟定研究过程的蓝图，并借助想象力在头脑中构成可能达到的目标结果。我们从科学研究大体上所经历的三个阶段，可以清楚地看到想象在科学研究中的重要作用。

从第一阶段即准备阶段来看，科学研究必须根据已有的实践经验和知识，发挥想象力，才能使科学研究的观念逐步定型化、具体化。比如，在潜水艇发明之前，发明者要经过长时间的观察，分析鱼的身体构造及其游动状态，逐渐在大脑中构成未来潜水艇的具体形象，然后才有潜水艇的诞生。从科学研究的第二阶段来看（具体实现第一阶段提出的任务和目的阶段）也离不开想象。为了使准备阶段构思的方案具体化和精确化，研究者必须充分发挥自身的想象力，千方百计寻找各种方法、途径和材料，以达到想象与客观实际的一致性。从科学研究的第三阶段来看（实现方案的阶段）同样也离不开想象。因为一种设计方案从最初的设想到最后的实施，完全实现的可能性很小，经常要随着客观情况的变化而变化。因此，在这种情况下，必须发挥想象力，以选取符合情况的想象去代替不适合实际的想象，使科学研究的方案得以实现。

（三）想象是激励创造的动力

发明创造活动是一种充满艰辛和痛苦的长期思考过程，它要求人们在脑力上、体力上、精神上、物质上都付出很大的代价。在发明创造活动中，人们常常会遇到各种各样的困难，只有在克服了这些困难以后，人们才可能取得创造的成功，而激励人们克服困难的一个重要因素就是想象力。想象力可以转化为一种强大的心理激励力量，人们借助想象力可以预测克服困难的效果，可以设想创造成功的意义。人们对创造目标的期待以及对创造价值的憧憬，能极大振奋人们的情绪，激发其创造力。威廉·贝弗里奇曾指出："想象力之所以重要，不仅在于引导我们发现新的事实，而且激发我们做出新的努力，因为它使我们看到有可能产生的后果。"

（四）想象可以使人们了解无法加以观察的事物

在历史研究和考古发掘过程中，最令历史学家和考古学家头疼的是，许多研究对象根本无法直接加以观察，比如古代社会的政治体制，经济结构和军事活动，由于时间的流逝，有的现在根本找不出当时的蛛丝马迹。在这种情况下，专家和学者们只能根据已有的材料，通过想象的作用对所研究对象的各种可能性进行设想，构造出各种对象的基本情况，然后根据这种假想进行分析和判断，得出某种符合客观事实的结论。

三、想象力的培养和提高

培养与发展大学生的想象能力，进而提高他们的创新能力，对现代教育来说是非常重要的。想象力的培养要注意以下几方面。

（一）不断丰富自己的知识和经验

想象力是客观现象在人脑的反映。丰富的知识和经验是想象力发展的基础。如果人们缺乏必要的科学知识与经验，其想象力就会贫乏、空洞、苍白，甚至会成为漫无边际的胡思乱想，无法发挥想象力在发明创造活动中的能动作用。与此相反，如果人们拥有了丰富的知识和经验，就为其想象力奠定了雄厚的基础。一般而言，人们的知识越渊博、经验越丰富，其想象力驰骋的范围就越大，涉及的领域也越广。所以，为了发展自己的想象力，大学生应该不断积累知识和经验。

尽管知识和经验对于发展想象力非常重要，但这并不是说知识和经验多，想象力就会自然发达起来。如果大学生缺乏独立思考的态度和能力，满足于已有的知识，丧失开拓进取的精神，停滞不前，也会阻碍想象力的发展。

（二）激发培养强烈的兴趣和好奇心

好奇心、求知欲以及爱好和兴趣，都是创造性想象的起点。在发明创造过程中，受兴趣和好奇心的驱动，人们的想象力能够被充分地激发起来。爱因斯坦曾说："我没有特别的天赋，我只有强烈的好奇心。"正是这种出类拔萃的好奇心激发了爱因斯坦异乎寻常的想象力。当他只有十六岁时就产生了一种想象："如果我以真空的光速去追随一条光线运动，那么我就应当看到这条光线好像一个在空间里振荡而停止不前的电磁场。"这一想象最终导致爱因斯坦创立了著名的狭义相对论。由此可见，好奇心、求知欲以及爱好和兴趣能够帮助人们进行深层次的想象。所以，大学生应大力发展自己的好奇心和求知欲，提倡科学的怀疑精神，遇事多问几个为什么？使"想象车轮"常转不息。

（三） 激发饱满的热情和态度

想象是一种心理功能。因此，想象会受到情绪和态度的影响。人们在长期的创新实践中认识到，情绪可以刺激想象，态度可以调节想象。一般说来，人们的情绪越丰富，想象也就越丰富；人们的情绪越积极，想象也就越积极。同时，情绪对想象的方向也能施加影响。积极的情绪，如愉快、乐观的情绪常使人想起充满希望、令人兴奋的情景；消极的情绪，如抑郁、悲观的情绪则常使人想起充满沮丧、令人失望的场面。在发明创造的活动中，大学生应以乐观的情绪和积极的态度投身于发明创造的实践中去，这样才能使创造性想象得到充分发挥。

（四） 提高反应和思维的敏捷性

创造性的想象与创造性的思维常常如同夜空中的闪电一样，稍纵即逝。需要人们具有敏捷的反应速度和快速的思维能力才能捕捉它们。在发明创造过程中，人们常常会在某些因素的激发之下，产生创造性想象，并以新想法、新观念的形式表现出来。但是，它们往往又很不稳定，容易在别的困难干扰之下消失殆尽。面对这些创造性想象或创造性思维的产物，人们应该迅速准确地记录下来，然后进行思维的深度加工和实践的具体检验，以获得具有实用价值的发明创造成果。

（五） 不断地丰富和提高语言文字水平

想象是与语言文字分不开的，是借助语言文字的形式表达出来的。没有丰富的语言文字，想象就只能停留在直观形象的水平上。丰富和提高语言文字水平，能使想象更富有概括性、深刻性和内在逻辑性。近年来，为了选拔更多创造型人才，有些国家在招收大学研究生新生时，除了笔试、口试外，还另外加一项考试，即应考者当众发表一次富有科学幻想色彩的演讲，演讲的内容越标新立异，并能自圆其说，考试成绩就越高。

第五节 操 作 能 力

操作能力又叫动手能力是人类适应自然、改造自然以及变革社会的重要技能。现代社会越来越要求人们既具有动脑能力，又具有动手能力，对于创新型人才来说，无论在当前从事学习、工作和生活的过程中，或是在将来从事科学研究、技术发明和管理创新的活动中，操作能力都将起到巨大的作用，它是创造型人才必不可少的基本素质之一。

科学发展史表明，凡是在发明创新上有所建树的人，大多具有不同凡响的操作能力，这是因为操作能力对智力发展能起推动作用，并且它本身也是一种智力因素。在创造活动中，如果一个技术难题摆在人们面前，人们注意、观察、记忆、思维、想象都参与进去，可能仍收效甚微，但此时若动手摸一摸、拆一拆、装一装、试一试，然后再算一算、写一写、想一想，就可能得到启发，进而解决问题。

一、操作能力的品质

操作能力的品质对发明创造活动有很大的影响。优秀的操作品质，可以激发人们的创造热情，增进人们的创新意识，具体表现为以下 4 点。

（一）操作的准确性

操作的准确性是保证发明创造成果的科学性和先进性的重要条件，尤其是在人们从事高质量、高水平的科技创新活动的过程中，准确的操作必不可少。所以，准确性是大学生创新型人才操作品质的基础。

（二）操作的迅速性

操作的迅速性是提高创造效率、抢占创造时机、赢得创造成果的重要条件。在科学发现、技术发明和管理创新活动日新月异的今天，操作的迅速性是取得发明创造专利权的关键因素。它对加速新产品开发和新事物研究有很大作用，并且对提高发明创造的社会效益和经济效益也有很大作用。

（三）操作的协调性

操作的协调性是操作能力能够正常发挥或超常发挥的有力保证。一般来说，科学上、技术上的操作都是由一系列复杂的动作过程所组成的，人们必须使这些动作协调起来，向着统一的创造目标努力，才能收到发明创新的效果。此外，协调性还是操作的准确性和迅速性能够发挥作用的条件。因此，人们应当加强操作协调性的锻炼。

（四）操作的灵活性

操作的灵活性是人们最为宝贵的操作品质。操作活动通常要受很多因素的影响和约束，有了操作的灵活性，人们就能根据情况的变化，适当调整操作活动的步骤和方向，从而保证在错综复杂的发明创造活动中灵活自如地操作，使创造活动顺利进行。

二、操作能力的培养

操作能力的培养，也就是动手能力的培养，关键在于操作的实践，经过长期的实践活动，不断地思考总结，操作能力会逐步提高。

（一）重视培养操作能力的自觉意识

操作能力可以促进思维发展。在人们动手操作的全过程中，始终贯穿着动脑活动。在操作实施之前，思维活动主要涉及操作目的、操作步骤和操作方法；在操作实施之中，思维活动主要表现在解决操作过程中出现的各种问题。人们在操作时，一方面不断修改和补充原有的设想和方案，另一方面加深对客观事物的认识，推动思维活动向前发展。

操作活动既为发明创造奠定了坚实的基础，又为发明创造开辟了广阔的道路。古往今来，任何发明创造活动都离不开实验、测量和制作等操作活动。由于发明创造活动本质上是一种求索、创新工作，因此操作活动也不可避免地带有新颖性和独创性，同样也不可避免具有艰巨性和探索性。人们如果没有良好的操作能力，就难以将自己优秀的设想、出色的方案变成现实；如果没有培养操作能力的自觉性，就难以成为名副其实的创造者。

（二）力求掌握操作能力的基本知识

在发明创造活动中，操作本身就是一个复杂的过程，必须掌握一定的专业知识、了解一定的操作技能、遵循一定的活动规律，才能顺利进行操作活动。操作应该以相应的知识和经验为基础，如果不掌握有关的基本知识，操作过程就会因缺少预见性、计划性、方向性、步骤性和安全性而半途而废，甚至引发事故。

为了提高人们的操作能力和操作的成功率，在操作之前，人们应当认真学习与操作有关的基本知识，了解设备的操作规程和使用须知，并制定详细规划以确定操作步骤，特别要防止出现安全事故和突发问题。

（三）增强训练操作能力的进取心态

操作活动的全过程是在人们大脑的指挥下进行的，离不开积极进取和认真思考。正确的心态有助于人们培养操作能力，它能促使人们积极思考有关操作的问题，对诸如操作目的是否明确、操作方法是否合理、操作步骤是否具体、操作过程是否完善、操作结果是否准确等进行反复思索，以便发现问题、分析问题并解决问题。

操作能力的高低以及操作效果的好坏，都与人们开动脑筋的程度有关，都与人们积极进取的程度有关。不动脑，不积极地操作，是永远也提不高操作能力的，大学生必须深刻认识这一点，并把它贯彻到自己的实际行动中去。

(四) 养成提高操作能力的良好习惯

提高操作能力，使之成为操作技能，是每一个大学生创造型人才必须努力实现的目标。但技能要以知识的理解为基础，经过反复地训练才能形成。大学生应当了解，知识的理解并不等于技能的形成，这就好比一个人了解了写字的有关问题，学会了笔画和笔顺的基本知识，知道了握笔和运笔的基本方法，不等于他已经掌握了写字的技能。因为要掌握写字的技能，必须经过反复地练习，甚至是长期刻苦地练习，才能有所成就。人的行动是由一系列动作组成的，行动的顺利完成有赖于完成这些动作的熟练程度。通过练习可使完成动作的方式得到巩固，形成良好的习惯。

第六节　自 学 能 力

自学能力是人们获取知识并促进成才的最基本、最重要的一种能力。这种能力的强弱直接决定着人们获取知识多少和成才效果的大小。未来的文盲，不是不识字的人，而是没有自学能力的人。自学能力主要包含对观察能力、记忆能力、思维能力、想象能力和操作能力的自学和锻炼。一般说来，自学能力强的人，在观察方面，表现为观察准确、迅速而全面；在记忆方面，表现为记忆快速、深刻、持久；在思维方面，表现为思路清晰、条理分明；在想象方面，表现为想象力丰富、充满创见；在操作方面，则表现为操作灵巧、手脑并重。自学能力差的人，则常常显得观察不准确，记忆不牢固、思维不全面、想象不生动、操作不过硬。

自学能力是大学生创新型人才最宝贵的能力之一，因为自学是造就大学生创新型人才的重要途径。不论任何人要想有所作为，都离不开自学。科学家钱伟长曾主张，大学生应以自学为主，课堂教学为辅，逐步培养学生具有无师自通，更新知识的能力。

一、自学课题的选择

自学既是个人发展的需要，也是社会进步的需要。每个人可以根据自己的兴趣和爱好、自己的本职工作，以及周围的环境等因素，选择自学的课题。

每个人都有自己独特的才能生长点，但自己并不一定很清楚，所以往往会力量用不到点子上。遵循善用所长，贵在适用的方法，科学地分析个人的长短利弊，发现并认准自己的优势，这样来选题可以克服那种盲目自学的被动状况。

（一）结合兴趣选择自学课题

根据自己的兴趣和爱好开展自学对大学生来说十分重要。如果一个人的自学目标能够和个人兴趣爱好有机结合起来，就可以充分发挥个人的主观能动性，使事业获得成功。在发明创造过程中，强烈的求知欲来源于浓厚的学习兴趣。应珍惜和利用兴趣，使这种具有个性特征的兴趣与远大的目标结合起来。

（二）结合本职工作选择课题

本职工作能最直接，最明显地体现个人对国家和人民应尽的责任，也最确切，最容易使人感受到国家和人民的实际需要，它能使人产生一种责任感和使命感，还能使人产生一种紧迫感和危机感。以工作岗位为阵地，思考干什么、学什么，把自学同工作紧密结合起来，立足本职，放眼发展，预测本行业的未来，可以保证自学内容尽早对准工作目标，从而快出成果。

（三）结合实际知识调整自学课题

有的人学这不行，学那也不行，到处"碰壁"，以致搞不清自己的长处何在，不知道到底应该怎么办。这主要是自己的主观设计与客观实际的距离太大，因此行不通。这时应调整自己的设想、计划，使课题符合自己的实际，而不要死钻牛角尖。再就是结合社会的需要学习，社会的不断发展需要很多各方面的人才，这种需要正是你未来的用武之地，也是你自学的一个方向。

（四）结合成功事例选择自学

先进成功事迹大多具有启发性，它能使人树立榜样，开阔眼界，认清形势。别人成功的经验可以学习、模仿，但不能完全照搬，也许它对你并不合适，经过自己的实践检验，摸索出适合自己特色的行之有效的自学方法，这对你才是最宝贵的。

二、自学课题选择的预测

自学课题的选择是否得当，直接关系到学习效果。选择学什么才符合自己的实际？学哪些所花的代价小而效果明显？学什么社会最需要又现实可行？可参照以下三项原则。

（1）需要性原则。即根据社会的需要选择，这是起决定作用的一个原则。因为学习的目的在于推动社会的进步，造福于人类，如果所选择的课题是社会不需要的，甚至是反社会的，那就失去了学习的意义，只有使自己选的课题与社会需要紧密结合起来，自学的结果才会发挥出更大的作用。

（2）可行性原则。即选择的课题与自己的主客观条件是否协调、得当，能不能行得通？所以，一定要从自身和周围环境的实际出发。这样选择的课题才有实施的基础，并易于得到各方面的支持与成功。

（3）根据特长选择。这是自学能否成功的重要的内在因素，是选择课题的着手点和依据。能够发挥自己特长的课题，学习起来兴趣大，积极性高，有利于出成果。

三、自学能力的培养

（一）铸造正确的自学动机

自学是通过复杂心理活动的指导进行的。在学习过程中，人们需要敏锐的感知、清晰的记忆、丰富的想象、灵活的思维、热烈的情绪、坚韧的毅力来参与，才能取得良好的学习效果，而这需要有正确的自学动机做支撑。自学动机是一种能对自学起极大推动作用的心理因素，它能促使人们把全部精力积聚起来进行自学。所以大学生必须有正确的自学动机，才能提高自学的成效。

（二）树立坚定的自学信心

坚定的信心是自学成才的关键。一些人认为，有的人之所以能自学成才，原因在于他们本来就是人才，否认人人都可通过自学成才。实际上，自学能力也和创造能力一样，是人皆有之的一种自然属性，只是发展的程度不同而已。自学能力是人们在实践中逐渐培养、逐渐提高的，每个人都有可能在正确方法的指导下，经过锻炼使自己的自学能力发展增强，所以大学生应该树立坚定的信心，在自学成才的道路上阔步前进。

（三）养成良好的自学习惯

大学生必须着重培养自己独立思考的能力，养成勇于探索、善于思考的良好习惯。大学生应当充分认识到，独立思考是自学的重要途径，也是自学的关键因素。在自学过程中，大学生要特别注意提出问题、分析问题和解决问题的能力的培养和锻炼，遇到难题，首先要尽力开动脑筋、独立思考，不要回避困难，轻易问人，要时刻牢记"书山有路勤为径，学海无涯苦作舟"。

（四）锻炼顽强的自学意志

自学的过程实际上是一个探索的过程，困难和挫折往往在所难免。只有具备顽强毅力的人，才能克服自学途中的重重险阻，将自学活动坚持到底。顽强的毅力是在自学实践过程中逐步培养起来的，不可能一朝一夕就能奏效。因此，大学生要把锻炼顽强的毅力看做是自学成才的重要任务，在自学活动中自觉磨炼、逐步加强、稳定提高。

（五）培养稳定的自学情绪

稳定的情绪、平静的心境是自学能力良好的一种表现形式。有些人虽有强烈的求知欲和好奇心，但情绪不稳、容易犯冷热病。心血来潮时，情绪高涨，学习的劲头很足。但遇到挫折时，就容易心灰意冷、情绪低落，学习的劲头也一落千丈。大学生必须保持稳定的情绪和愉快的心态，使自己始终能精力充沛地开展自学活动。

（六）掌握科学的自学方法

在自学过程中，掌握科学的自学方法能够使人们收到事半功倍的效果。大学生应该努力探索自学的科学方法，要善于用别人的先进经验和成功做法指导自己的学习活动。科学的自学方法既可以使人们少走弯路、节省时间、提高效率，又可以使人们在相同付出的情况下，取得较大的收获。因此，大学生必须掌握科学的自学方法并在自学实践中加以巩固和提高。

大学生要想从事科技领域中的发明创新活动，除了以上所讲的一些基本能力外，还必须具备多种能力，例如查阅资料的能力，搜集信息的能力，协调组织的能力等等。由于发明创新的最终目标是拿出实际的产品来改善并丰富人民的精神和物质生活，这就要求大学生不仅要有构思新设想的动脑能力，还要有实验和研制方面的动手能力。此外，发明新技术，创造新产品要有物质、时间、经费上的保证；要有领导的支持，同事的配合，群众的理解；要有用户和市场的认可，而这一切需要大学生具有表达、说服、推销、组织、管理方面的能力。所以，对于开发大学生创新能力来说，不能忽略其各种能力的培养和训练。一个人能力越全面，开发创造力就越有效。

第五章
大学生创新思维的非智力因素

在创新思维中，除了智力因素以外，非智力因素也起着相当重要的作用。非智力因素，广义上讲，即除智力或能力因素以外的全部心理因素；狭义上讲，是指与智力活动关系密切并共同影响智力活动效果的心理因素。非智力因素主要由动机、个性、意志、兴趣、情感等五种心理因素组成。

非智力因素在大学生的创新实践活动中具有四种基本功能：动力功能，维持调节功能，补偿功能和定型功能。

第一节 创 新 动 机

动机是激发和维持个体的活动，并使这种活动朝着一定目标努力的内部心理倾向或内部精神动力。人的行为多有一定的目标，人为了达到那个目标进行活动。人为什么要达到那个目标呢？激励他达到那个目标的原因是什么呢？这就是动机的问题，动机和目标关系密切，但有区别：动机是行动的原因，而目标是期望行动达到的结果。人类需要的多样性决定了人类动机的复杂性。在简单的活动中，人的动机和目标是一致的，也可能是不一致的。同是要创造某种产品，有的人可能是为了社会需要，有的人可能是为了一己私利，目标相同，动机各异。理想上的追求，经济上的索取，名誉上的渴望，可以成为强烈的创新动机；此外，兴趣的推动、好奇的吸引、榜样的鼓舞，也可以成为强烈的创新动机。

创新动机是直接推动人们从事创新活动，进行创新思维，获取创新成果，表现创新能力的潜在动力。它具有看不见摸不着测不了的特点，是一种隐含变量。

一、动机对创新的作用

通过对以上动机定义的分析，可得出动机包括四个意义：第一，动机是一种内部的刺激，是个体行为的直接原因；第二，动机为个体行为提出目标；第三，动机为个体行为提供力量以达到体内平衡；第四，动机使个体明确其行为的意义。

由此可见，动机具有两方面的作用。一是它具有推动性的作用。个体怀有动机之后，能对其行为发生推动作用，表现为行为的发动、加强、维持直至行为终止；二是它具有选择性的作用。这主要表现在确定方向上，在选择了人类认同的道德与价值标准的正确方向之后，动机越强烈，其行为对社会越具有积极的意义。例如：当年以李四光为首的一批中国年轻地质学家和以王进喜为代表的第一代中国石油工人，正是在"把中国贫油帽子扔到太平洋里去"的强烈动机的驱使下，才克服了种种困难，在外国钻探权威断言根本无油的地质层上，打出优质高产的大庆油田。反之，反社会的动机越强烈，人类社会发展进程受到的危害越大。像希特勒、墨索里尼，他们反人类的动机，给人类带来了巨大的灾难。形象地说，动机是"发动机"，给活动以动力；动机是"方向盘"，控制活动进行的方向；动机是"加油站"，不停地为活动输入能量。动机的这些作用对于创新思维的进行，不仅完全需要，而且非常重要。

概括以上内容，可以看到：所谓创新动机，是指直接推动个体从事创新性活动并达到创新目的的内部动力。它使个体明确目标及实现目标的意义，并始终获得抵御一切障碍的内部支持力量，从而保证创新全过程的有效实现。

二、需要是产生动机的基础

需要是个体生理的和社会的要求在人脑中的反映。人既是生物实体，又是社会实体，为了个体和社会的存在，人必然有一定的要求。如饥食渴饮，男婚女嫁，社会交往，文化娱乐等，这些要求一旦被人们所意识，就成为需要。需要常常以一种不满足感被人体验着，具有动力性特征，是人进行活动的推动力量。人的某种需要不能得到满足时，会引起紧张状态，与环境之间形成不平衡。这时，人们便会朝着一定的方向去追求目标，以求需要的满足。因此，需要是人进行活动的内在动力，是个体行为积极性的源泉，也是创新之母。

需要有不同的种类。按起源，可以分为生理性需要和社会性需要。生理性需要，如饮食、休息、运动、排泄、性等需要；社会性需要，如交往、劳动、道德、美、成就、威信、创造等需要。按对象，可以分为物质需要和精神需要。对空气、阳光、水、衣物、食品、工具等需要属于物质需要；对交际、认识、创造、美、道德的需要属于精神需要。精神需要是人类所特有的。

美国心理学家马斯洛把人的需要由低到高分为 7 个层次：

（1）生理需要，如食物、空气、水、睡眠、排泄等需要；

（2）安全需要，如防备生理损伤、经济灾难和意外事故的发生等；

（3）归属和爱的需要，如与他人接近、受到接纳、有所归属等需要；

（4）尊重需要，如取得成就，获得赞许等需要；

（5）认识需要，如求知、理解、追求真理等；

（6）审美需要，如追求对称、和谐等；

（7）自我实现需要，如发挥自己的智慧，实现自己潜能的需要等。

马斯洛认为，人的需要是由低级逐渐向高级发展的，只有适当地满足了低一级的需要，才能形成高一级的需要，自我实现的需要是人类最高层次的需要。

马斯洛还将上述 7 种需要进一步划分为两类：一类叫缺失性需要，包括生理需要、安全需要、归属和爱的需要、尊重需要。这类需要如果得不到满足，寻求满足这些需要的动机就会增强；反之，这些需要一旦得到满足，相应的动机就会减弱。另一类叫成长性需要，包括认识需要、审美需要、自我实现需要。这类需要是人类的高级需要，它的满足不仅不会使动机停止或减弱，反而使动机进一步加强。例如，一个致力于求知和理解的人，他越是取得成功，就越加精力旺盛地致力于进一步的求知和理解，不断前进，永无止境。

拿破仑有句名言："不想当将军的士兵不是好士兵。"每个人的行为都是由动机确定的。需要，是动机产生的基础和根据；刺激，是动机产生的诱因和条件。动机是个人个性的重要构成，在个性结构中占有极为重要的地位。它是连接需要和行为的中介。动机体系是个人积极性的源泉，具有唤起行为的始动作用，确定行为目标的定向作用，使行为容易进行的强化作用和为达到目标形成一定模式的调整作用。创新动机不是人类先天固有的本能，而是后天获得的行为模式。对大学生来说，若想拥有创新的行为，就必须有意识地培养自己创新的动机。正如一位哲人所说：谁最能推动自己，谁就最先得到成功。

三、动机的表现形式

人们所从事的任何创新活动，都是在一定动机驱使下进行的。尽管动机的表现形式多种多样，但总体上可分为直接动机和间接动机两类。

（一）直接动机

直接动机是指可直接促使人们去发明、去创造的动力。直接动机主要包括求知欲、好奇心、成功感、挑战心理、发明志向和创新兴趣等。求知欲和好奇心都属于人的天性，只不过有的人会保持和发扬这种天性，而有的人则将这种天性抑制和闲置。由于求知欲和好奇心的驱使，使人做出伟大发明创造的例子比比皆是，而相反，压抑了求知欲和好奇心，使人终生碌碌无为的情况也经常听说。一般来说，科学研究爱好者比常人保持有更多好奇的本能。一个人的想象力，如果不能因想到有可能发现前人从未发现的事物而受到刺激，那么，他从事科学研究只能是浪费自己和他人的时间，因为只有对发明创造抱有真正兴趣和热情的人才会成功。

发明志向、创新兴趣以及发明创造获得成功时的自豪感和满足感也是人们致力于创新活动的动力。心理学研究表明，正常人都具有一定程度的挑战心理和竞争意识，这些也都是发明创造的直接动机，它们为创新活动提供了持久的内在动力。

（二）间接动机

间接动机亦称外部动机，是指创新者在追求目标过程中，目标本身不一定是创新，但达到这些目标必须经过创新，即在实现目标的过程中有创新。比如，为实现祖国的繁荣昌盛、人民的幸福安宁、社会的发展进步这样的宏伟目标奋斗，就是一种非同寻常的间接创新动机。它能促使人们运用创造性的方法和手段，通过创造性的工作，使宏伟目标变为现实。

增加经济收入，获得经济效益也常成为人们从事创新活动的间接动机。这在商品经济和市场经济的社会里尤为明显。在资本主义社会里，发明家的发明动机往往从个人利益出发，将金钱和声誉放在首位，而将祖国、为社会做贡献放到次要位置上。实际上，在我国现阶段，追求经济利益也是人们进行创新活动的强烈动机之一。但为国家、为人民发奋的创造者，其心深沉，其力坚韧，经得起逆境挫折的袭击；而为个人、为私利热衷的发明者，其心浅薄，其力脆弱，经不起艰难困苦的磨炼。所以，大学生应树立正确的价值观和人生观，提倡为祖国、为人民去努力发明创新。

引发创新动机的原因是多方面的，有正面的，反面的，内部的以及外部的，甚至同一种创造行为也可以由不同的动机引发。一般来说，直接动机更实在，更根本，但间接动机更全面、更丰富。因为通过外部刺激，可以促使人们去追求符合国家需要和社会利益的目标，使人们的使命感和责任感更强烈，更成熟，从而实现外界对个人行为的调节与控制。同时，创造实践的结果又会使人们的兴趣增加，信心增强，从而将间接动机转化为直接动机。因此，这两种动机同时存在，共同推动人们的创新活动向前发展。

在这里需要强调一下的是，创新动机发动和维持创新性思维，需要一定的强度。在一定限度内，动机的强度越大，对人的创新性思维的推动力量也越大，在这种情况下，人更容易集中注意，紧张思考和坚持活动，因而解决问题的效率较高，创新性成果容易形成；而动机强度越小，对人的创新性思维的推动力量也就越小，在这种情况下，人缺乏积极性，松散拖沓，活动效率低，甚至会半途而废。但是这并不是说，动机的强度越大越好。相反，如果动机的强度超过了一定限度，那就会引起思维程序的混乱或大脑皮层的抵制，效率反而会降低。正是这种原因，在创新性思维过程中，思考者急于求成，总是适得其反，欲速不达。所以，我们在创新思维过程中，必须有一定强度的动机和积极的态度，但同时又要自觉地调控自己的心理水平，使其不要过分强烈，避免过分的焦虑和高度的紧张，否则，会不利于创新任务的完成。

四、创新动机的培养

动机不是人类先天固有的本能，而是属于人类社会生活实践范畴，是个体后天获得的行为模式。任何一个有志于从事创新事业的人，都可以通过培养，使其从没有创新需要到产生创新需要；也可以通过激发，使其原来具有的创新需要被进一步充分调动。创新动机的培养与激发，应从以下几点入手。

（一）激发求知欲

求知欲是一种认识需要，这种需要促使人们去探索，而探索就是一种创造活动。因此，求知欲是促使人们进行创新活动的重要动机。

生理学与生物学的研究表明：生物体认识环境的需要是一种比物质享受更强烈的需要，对新奇刺激所产生的探究反射普遍存在，是一种连低等动物都具有的"天性"。人类的认识需要是任何一种动物也无法相提并论的，人们对科学与知识的热爱与钻研，对真理的追求，对论据缺乏的怀疑，对未曾料想到的现象出现的惊奇，对尚不理解、尚未认识问题的探求，都是强烈求知欲的表现。

大学生的求知欲因其自身的生理、心理特点和成长环境的影响是最强烈的，他们对外部的各种事物都保持着高度的敏感性，对任何新奇的刺激都具有亲自尝试的探究性。为了防止这种良好的求知欲出现衰退，就要排除种种因素的影响和干扰，成为不断激发创新动机的人，这样才能做到持之以恒地保持求知欲。

（二）培养广泛兴趣

兴趣也是创新动机的表现形式之一。当个体对某种事物发生浓厚兴趣时，就会注意力高度集中，积极主动地去探究、思考，表现出对这种事物的优先关注，与此同时还伴随着肯定性的良好情绪色彩和坚强的意志力。所以兴趣是一种使人沉醉并废寝忘食的认识倾向，是一种能引导人发掘自然与自身潜力的认识倾向。兴趣可使知、情、意等整个心理活动都处于积极主动的状态，从而对个体的创新活动具有极大的促进作用。从兴趣与需要的关系角度讲，兴趣是在需要的基础之上，在生活和实践中形成和发展起来的一种内驱力。没有需要就不会产生相应的兴趣。既然需要是创新动机的基础，那么在需要基础上萌生的兴趣，自然也就成了创新动机的重要因素。

（三）保持丰富的情感

情绪与情感是人类寻求真理的动力之一，是心理活动发展的重要内容，也是进行创新的必要因素。需要是创新动机产生的基础，而情绪和情感又是人对客观事物是否符合自身需要而产生的态度体验，所以从总体上讲，无论是短暂而强烈的情绪，还是持久而稳定的情感，都与创新动机密切相关。高尚的情感必然产生高尚的动机，也只有为人类的文明进步而创新的高尚情感，才是永远丰富而富有活力的，才可能使创新动机真正成为不竭的涌泉。

第二节　创　新　个　性

个性通常是指个人具有的比较稳定的，有一定倾向性的心理特征总和。它包括性格、动机、兴趣、意志、情绪等。从心理学角度看，个性心理特征调整着个性心理过程的进行，影响着人的外显行为和内隐活动。因此，个性常常被视为人类心理及行为的动力来源和监控系统。

在创新过程中，个性虽然不像创造力水平那样对创新过程起着直接的决定作用，但它为创造力的发挥提供心理状态和背景，通过引发、促进、调节和监控创造力或与创造力的协调配合来充分发挥作用。因此，它对创新过程具有不可缺少的作用。

个性是人的态度和行为中比较稳定的心理特征。它不是指在偶然场合所表现出的特殊态度和特别行为，而是指经常性的，并已习惯化的态度和行为。它是在个人与环境相互作用的过程中逐步形成、缓慢成熟的。人的个性主要是通过其外部表现——性格特征被人认识的。心理学研究成果表明，人的个性对其创新活动有不可忽视的影响，而且还和创新成果之间有着科学的因果关系。人的个性中既包括有利于创新的一面，也包括不利于创新的一面。

一、有利于创新的个性特征

（一）好奇心与求知欲

创造力强的人，往往具有强烈的好奇心和旺盛的求知欲，并且从小就会表现出来。好奇与求知是人类的天性，是童心的特征，是进取的表现。爱因斯坦曾说过："我们思想的发展在某种意义上常常来源于好奇心。"好奇心和求知欲之所以是有利于开发创造力的个性品质，在于具有这种个性特征的人，往往有孩子一样的童心，单纯、质朴、谦虚、勤学、好问，以不带成见、不早下结论的态度来看待世界。他们兴趣广泛、求知探索，不会察言观色根据别人的意志行事；也不会见风使舵按照别人的思路前进。因此他们才能排除一切杂念，集中精力求知不止、克服困难创造不已。

（二）独立性与自信心

高度的独立性和充分的自信心，是创新性人才突出的、优秀的个性特征。个性上的独立性是指在创造过程中，敢于面对复杂事物及其相互关系大胆质疑，依靠自己的思考做出决定和判断，不盲从、不人云亦云、不受习惯势力的束缚、不受从众效应的影响、不怕别人说三道四、不当"跟屁虫"。但他们并不是一味拒绝别人的建议，而是能尽量采纳正确的意见。显然，独立性是人们在创造活动中不可缺少的。

自信是成功的第一个秘密。在发明创造活动中，自信是发挥人的创造潜能的重要条件。很难想象一个在创造道路上左顾右盼、踟蹰不前的人，会创造出什么来。缺乏自信的人，总是怀疑自己的创造能力，总是不敢正视挫折和困难，一旦遇到麻烦，只知一味退避，如何开拓进取？而充满自信的人，则深信自己解决问题的能力，充分认识到自己所从事工作的价值，他们认定自己的发明设想和创造目标一定能实现，即使遭到了讽刺和打击、遇到了挫折和失败，也不会改变信念。他们随时准备迎接新的挑战，随时准备开辟新的战场，去实现自己的创造理想。

（三）怀疑与冒险精神

怀疑是创新的起点。创造力强的人，对传统的见解、权威的结论常常会多问几个为什么。他们尊重的是事实不是权威。他们敢于怀疑别人认为是天经地义或天衣无缝的东西，并从中找到创新的突破口。如果一个人看什么都顺眼、对什么都相信，就很难怀疑并提出疑问，也就很难有突破和创新。

另外，创新有时需要冒险。因为很多创新是在进行前所未有的事业或是前人经过努力而遭受失败的事业。这就决定了这些创新活动不可能具有充分的根据和十足的把握。也许一次创新失败就可能意味着多年的心血付诸东流；多次创新失败则可能意味着倾家荡产、名誉扫地。这时若没有敢于冒险的无畏精神，一个人是不能继续走创新之路的。

敢于在创新过程中冒犯错误的风险，敢于正视创新过程中出现的曲折和失败，是创新者极为可贵的一种个性特征。换句话说，只有在创新的道路上，迎风劈浪、不惧艰险的人，才有可能获取成功。

（四）多思与幽默

多思、多想也是创新型人才突出的个性特征之一。因为人们只有先对创新对象进行多思和广思，才能做到深思和精思，才能取得发明创造的丰硕成果。创造力强的人，凡事都喜欢从多个角度去想问题，喜欢构造出对创新问题的多重解，然后再运用创造性思维对其进行判断选择，取优弃劣。

随着科学技术的飞速发展，发明创造所涉及的知识领域越来越宽、难度也越来越大，从狭窄的学科范围里想问题，从少量的技术方案中找答案，显然是不行的。因此，多思的作用日趋重要。与此同时，幽默感也必不可少。幽默是心理健康的一个标志，它与创造力有着密切的内在联系，它维系着创造者始终朝着发明创造的目标前进。幽默可使人既不为别人的诋毁而悲观，也不为自己的失败而气馁，更不为一时的成功而得意忘形。幽默是灵活思维的兴奋剂和调节器，它常与直觉、灵感形影相随，保证创新性思路能清晰明快地向前延伸。幽默又是安抚心灵的镇静剂，使人们不致对创新活动中各种困难的到来如临大敌。即使在对前景无法预测的情况下，幽默也能使人安之若素、开朗达观。因此可以说，幽默感标志着一种内在的心理自由，没有这种自由，就很难有成功的创新。

二、不利于发挥创新的个性特征

（一）从众与附庸

从众与附庸是指人自觉或不自觉地习惯于与他人或多数人保持一致的个性特征，具体表现为对上级、权威或多数人的观点和意见唯命是从。具有这种性格特征的人，经常是随声附和、人云亦云。他们喜欢顺风向、随潮流，遇事按别人的判断行动，没有自己的主心骨，更没有标新立异、独树一帜的勇气。

从众与附庸是求同思维极度发展的产物。一般来说，普通人从十岁以后，开始出现求同心理，会有意或无意同周围人尽量保持一致。从人的心理特点来讲，与别人一致时，感到安全；而与别人不一致时，则感到恐慌。其实，从众与附庸的根本原因在于缺乏自信，在于害怕舆论压力。显然，它们是创新的大敌，严重阻碍了创造力的开发。它要么使创造性思维无从产生，要么使创新性设想过早夭折。大学生要想进行自身创造力的开发，就必须克服从众与附庸心理，要敢于提出别开生面的想法，要敢于发表与众不同的意见。因为对于大学生来讲，在各种创新活动中，他们需要的是独立自主的开创精神，而不是亦步亦趋的跟随别人。

（二）固执与偏见

创新的关键在于人们能否根据创新对象的不同情况，具体问题具体分析，从不同角度理解问题，做到思路灵活多变、方法多种多样、知识兼收并蓄。这就要求人们性格开朗，能听得进不同意见、容得下不同方案，以便取长补短、为我所用。而固执与偏见恰好跟这种做法相反，它们代表着个人性格上的片面性和狭隘性。性格固执的人和看法偏颇的人往往不能容忍事物具有多重意义。

在发明创造过程中，即便是不十分明显的固执与偏见都会影响人们思维的灵活性、想象的广泛性和判断的客观性，所以必须加以克服。实际上，固执与偏见不仅仅是个人性格问题，也是思想方法问题和工作作风问题，必须上升到理论的高度来认识其在创新过程中的消极性和对创新思维的破坏性。只有端正了思想态度和工作态度，才有可能改正这种不良的个性品质，从而促进创造力的开发。

（三）刻板与保守

刻板与保守是头脑不灵活、思维不流畅的表现，主要反映在对新思想、新概念的反感和对新事物、新做法的反抗。有了这种个性特征的人，常常会显得教条呆板。他们看问题时，常常是先入为主，在头脑里形成对问题的固定看法，然后用先前的经验抵制后来的经验、用既定的方案排斥候选的方案。

人们的思维一旦变得刻板与保守之后，就会失去对事物的正确认识，就会对新事物麻木不仁，就再无创造性可言。刻板与保守代表了思维上的封闭、保守和惰性。而且刻板与保守的人除了在思想上因循守旧以外，在行为上也僵化教条。他们往往排斥新的思维方法和新的工作原则，这对开发创造力是一种阻碍。因此，为有利于大学生创造力开发，大学生应该努力克服这种有害的个性特征。

第三节　创 新 意 志

意志是人们在完成一种有目的、有意识的活动时所表现出来的选择、决策和执行的心理过程。它的实质在于，人们要使对其没有多大意义的一切其他行为都服从于自己所面临的有重大意义的行为。意志同其他心理过程一样，也是大脑对客观事物的反映。因此，人的意志要受到客观规律的制约，从某种角度说，意志实际上是人们借助于对客观世界规律性的认识，来决定自己活动和行为的能力。

由此而论，创新者自觉地以创新为明确目的，并根据这一目的来支配、调节自己的行动，克服困难，从而最终实现预定目的的心理过程，就是创新意志。

一、创新意志的特征

意志是人类特有的，而创新意志更是创新者要取得成功所不可缺的。和意志的属性一样，创新意志表现出自觉性、果断性、坚韧性和自觉性的特征。认清意志的这些特征，有助于大学生培养和锻炼自己的意志品质，开发自身的创新能力。

（一）意志的自觉性

意志的自觉性指的是创新者对行为的目的与意义有着正确的认识，并以此自觉地支配自己的行动，实现创新的目标。创新者对创新目标在社会、经济与科技发展中的存在价值与意义的认识越敏锐、越透彻，意志的自觉性就越高。在这种情况下，人的注意力会清晰而明确地集中指向创新目标，创造性思维与创造性想象会被充分调动起来，进而导致积极行动和信仰。它不是一时的激情和偶然的冲动，而是以坚定的信念和科学世界观的建立为基础的。具有意志自觉性的人，能够主动地、独立地调控自己的行动，为实现预定的目标倾注全部的热情和力量。与意志自觉性相反并阻碍创新个性形成的不良品质是意志不坚定、盲从和惰性。意志不坚定的人因缺乏首创精神和独立性，对创新目标摇摆不定，极易受暗示左右而产生从众心理。进而在认识上降低独立思考的能力，在行动上减弱自我控制的能力，盲目屈从于环境和他人的误导，或因迷信权威、迷信常规而放弃原有目标的追求。

（二）意志的果断性

果断性是创新者极为优秀的品质之一。它是指一个人以善于明辨为前提，不失时机地做出决定并坚决执行的品质。这种品质是以敏锐的洞察力和勇敢、机智的应变力为条件的，在创新过程中，有时需要人们就重大的目标问题或重大的方法问题做决定，如果一个人在此关键时刻，优柔寡断、徘徊不定，时而想做这样的打算，时而想做那样的安排，就更会丧失捷足先登的宝贵时机。

对于创新者来说，意志的果断性可以保证个体敏锐地捕捉发展的每一个机遇，根据社会经济与科技发展的大趋势，做出带有前瞻性的决策，从而在竞争中旗开得胜，先声夺人。另一方面，一旦发现因主客观条件的限制，经过努力仍难以实现创新目标时，也会当断则断，停止执行原方案而去选择新的创新支点。

这里要注意的是，意志果断性与独断性不可简单地画上等号。虽然，果断性与独断性，都是对某一事物发展过程中未来态势的决定性抉择，但二者在内涵与本质上却不可同日而语。果断性是以审时度势，明察秋毫为基础，而独断性却是不顾主客观条件，一意孤行，在行为上表现出鲁莽浮躁的盲动。

（三）意志的坚韧性

意志的坚韧性指创新者能坚持不懈、百折不挠、长久地维持符合创新目标的行动，不怕困难，不怕失败，持之以恒，锲而不舍，不达目的不罢休，但也不顽固执拗、知错不改。人类历史上出现的重大研究成果，许多重要的创新杰作都是创新者凭借意志的坚韧性，数十年呕心沥血而求索的结晶。如哥白尼的《天体运行论》写作出版花了 30 年，马克思的《资本论》则花费了 39 年的心血，曹雪芹的《红楼梦》几乎耗尽了他毕生的精力。从这一点上说，创新成果是意志与智慧结合的产物。

创新之路常常与焦虑、挫折与失败伴行，创新者要善于化压力为动力。心理学家认为，适度的刺激和压力能够使机体调动一切积极因素，加速目标的实现。如果你不能接受一个个的失败，你最好现在就放弃，自然，你也永远不可能面对成功。

（四）意志的自制性

自制性是大学生开发创新能力或从事创新活动所必须具备的重要意志品质。它是指一个人能够驾驭自我，克服自己的欲望和情绪干扰，迫使自己执行已经采取的具有充分根据的决定，或者坚决制止某些行动。这类人能够克服一切障碍，执行决定，善于在行动中控制自己的言行和情绪，不发生冲动行为。缺乏自制的人表现出容易冲动、意气用事，不能以规章制度约束自己等特点。

爱迪生曾经说过："伟大人物最明显的标志，就是他坚强的意志。不管环境变换到何种地步，他的初衷与希望仍不会有任何改变，而终将克服障碍，达到期望的目的。"许多科学家之所以能够做出卓越的成就，正是由于他们具备了良好的意志品质。

二、创新意志的培养

（一）意志自觉性的培养

培养意志的自觉性，重要的是自己有明确的目标，志存高远，对实现这个目标的社会意义有深刻的认识，并能为此进行不懈努力，要自觉锻炼自己独立支配自己行动的能力，做到既不盲目接受别人的意见，也不拒绝一切有益的批评和建议。

如何判断和界定自己所选的目标"志存高远"呢？有两个判定原则。

第一，价值原则。它是指人们所确定的创新目标，应当具有于人类有益的价值。一个人的人生是否有价值，是以社会和人类利益的标准来衡量的，同样，一个人的创新目标是否有价值，也依然是用这把尺子评定。无私性是价值原则的核心内容。对于创新者来说，在确定这一目标时，自己应当有舍弃自我，抛弃个人私利的襟怀，以及为这一目标的实现而执着追求的献身精神。

第二，超限性原则。它是指在可行的前提下，创新目标应当设定在适当超越现实存在的层面上。现实生活的纷繁复杂造成理想与现实的明显反差。各种刺激对既定目标的诱惑和干扰也会纷至沓来。每个创新者都生活在特定的现实环境中，这些因素都会对创新目标的确定与抉择产生深刻影响。显然，满足现状，就无法创新；适应现实，也不叫创新；只有改造与提升并存，才是创新的开始。因此，创新目标的设定，必须构筑在高于现实的平台上。

（二）意志果断性培养

果断性这种良好的意志品质，并非与生俱来，也非一日之功，它是个体聪明、学识、勇敢、机智的有机结合，与个体思维的敏捷性，灵活性分不开。果断性要求在明辨是非的基础上迅速而合理地做出决定和执行决定，抓住时机，当机立断。一旦情况发生了变化，又能立即终止自己正在进行的行动，不犹豫、不踌躇。要磨炼出意志的果断性，需从两方面入手。

第一，要养成一个"敏"字。即创新者有敏锐的目光，敏捷的思维，敏感的反应。这三个过程环环相扣，哪一扣松劲了，果断性都无从谈起。面对大千世界，没有敏锐的眼光，缺乏明辨，自然就产生不了敏捷的思维。对某种痕迹看到了，敏锐地捕捉了，但思维活动迟延了，也不可能有敏感的反应，往往导致坐失良机，遗憾终生。而敏锐地发现了，也敏捷地思维了，缺乏"该出手时就出手"的精神，同样会功败垂成。

第二，要炼就一个"敢"字。意志的果断性不仅体现在"敏思"，更重要的是"力行"。无思而行者，是愚夫；光思不行者，是懦夫。敏思力行者，方能成功，也才能实现有价值的创新。所以，果断性不仅要求心动，而且要求行动。甚至在一定意义上，行动胜于心动。成功的创新者不光是第一个敏锐地发现"螃蟹"的人，而且是第一个敢吃"螃蟹"的人。

（三）意志坚韧性培养

在创新的过程中，挫折是难免的，意志坚韧性的培养，关键在于如何面对挫折和逆境。

第一，勇敢地面对挫折。挫折，是指个体从事有目的的活动时，遇到障碍或干扰，致使动机不能实现而产生的心理上的紧张状态和情绪反应。挫折尤其是接二连三的挫折降临，常常使人感受到一种压力，产生压抑感和焦虑感，进而动摇对目标的追求。每个人在人生旅途中都会遇到大大小小的挫折，但不同的人对挫折的承受力和态度不同。一种是不加分析地接受失败，当然，永远也不会成功，一种是善于化压力为动力，分析失败，检讨失败，调动机体一切积极因素，加速目标的实现。因此，每一位创新者既需要有笑对挫折的坦荡，也要有研究挫折的精心。唯此，才能使挫折与失败真正变成创新成功的助推器。

第二，勇敢地面对逆境。挫折侧重于主观对客观的适应水平，逆境则体现着客观对主观的满足程度。倘若把挫折喻为"开船偏遇顶头风"，那么逆境就像"屋漏又遭连阴雨"。与挫折对个体所带来的点或线的失败相比，逆境所构成的多维空间的不幸，更加容易摧毁创新者意志的堤坝。逆境是最好的老师，因为它为我们提供了一个重新认识、评价自己的反思机会，我们可以通过对自身创新目标的及时修正，获得摆脱逆境的途径。在今天创新的竞争中，我们无法回避现实世界，挫折和逆境是在所难免的，只要我们对挫折和逆境有着正确的认识和乐观、豁达的人生态度，并将这些要素逐渐在日常生活中转化为一种意志习惯，成功就会与你为伴。

（四）意志自制性培养

要学会自觉的控制自己的情绪，约束自己的言行。任何不良态度和行为，都会对创新活动产生不同程度的不良后果。这种后果可能使所有的努力都前功尽弃。要自我调节改造不良的性格，在遇到挫折和失败时，要能控制自己的沮丧，做到不气馁，不退缩；在取得成功和胜利时，要控制自己的自满，做到不停步，继续努力。创造需要勇敢，必须控制怯懦；创造需要纪律，必须控制任性；创造需要专心致志，必须控制分心；创造需要团结合作，必须能够严于律己宽以待人。

为了提高自制性，可以借助警言、警句、名人的榜样，以及自己的经验教训，来警策自己的行为，调节情绪，以增强自控力。

第四节　创　新　兴　趣

兴趣是积极探究某种事物的认识倾向，它是人的一种带有倾向性的心理特征。兴趣是创新的重要因素，它能够使个体对事业保持一种经久不衰的热情，也减轻了人在创新过程中所受挫折的分量。兴趣促使人对某种事物总是给予优先的关注，表现出积极的态度，并伴随着一种快感和期待感。

一、兴趣也是在需要的基础上发生发展的

人们对事物的兴趣，是以他对该项事物的直接或间接的需要为基础的。在较低级的需要基础上产生的兴趣是较短暂的，建立在较高级的精神和文化需要基础上的兴趣是持久而稳定的。

生活中充满了令人感兴趣的事物，没有人能离开兴趣而生活。但是，由于人的生活是丰富多彩的，因而人的兴趣也是多种多样的。

从对象上看，兴趣可分为物质兴趣、精神兴趣和社会兴趣。物质兴趣是指人对衣食住行的兴趣。人人都有物质兴趣，但物质兴趣有高低之分。仅仅为了自己的吃好、穿好、住好，这是一种低层次的物质兴趣。而为了不断地满足人民群众日益增长的物质生活需要，并为社会创造某种物质财富，则是一种高层次的物质兴趣。精神兴趣是指对科学、文化、艺术等精神生活的兴趣。对于科学来说是指对科学的探索。达尔文说过：我有强烈的多样的趣味，沉溺于我感兴趣的事物，深刻了解任何复杂的问题和事物。对一个人来说，其精神兴趣，可以表现为对前人和他人创造的精神财富的尊重、向往、追求等方面的爱好。社会兴趣是指对社会活动、社会工作、社会组织、时事形势等方面的兴趣。例如，关心国内外大事，关心我国正在进行的现代化建设，关心祖国的统一等。

从联系方式上看，兴趣可分为直接兴趣与间接兴趣。直接兴趣是指对客观事物和活动过程本身的兴趣。例如，科学家对观察客观事物、在实验室进行科学实验的兴趣等。间接兴趣是指对某种事物和活动本身并没有兴趣，而是对这种活动或活动的结果感兴趣。

从持续时间上看，兴趣可分为短暂性兴趣和稳定性兴趣。短暂性兴趣是指在活动过程中产生，而活动过后则消失的兴趣。例如，在开展科学技术活动过程中，许多人对技术革新和改造很感兴趣，表现出很高的热情，而活动一结束，有的人就把兴趣转移到其他地方去了，这就是一种暂时性的兴趣。稳定性的兴趣是指既存在于活动的过程中，又存在于活动过程之后的兴趣。例如，科学家爱迪生从小到大，直至白发苍苍，始终对电这一研究课题进行不懈的研究，这就是一种稳定性的兴趣。

稳定性兴趣对一个人的创造力开发具有重要作用，这是确定无疑的。但是，也不能完全否定短暂性兴趣的作用。短暂性兴趣有时也会导致某种创造的兴奋点。例如，达·芬奇在画画过程中，也曾出现过对物理学、地质学、生理学等学科的短暂兴趣，这种短暂的兴趣使他在物理、地质、生理学方面也提出了具有创造性的见解，并且在军事、水利、土木、机械工程等方面，也有许多重要的设想和发现。

二、兴趣在创新中的作用

（一）兴趣对一个人的成长起巨大的促进作用

古今中外许多有作为的人，从小就对某一事物产生浓厚的兴趣。爱迪生之所以能成为历史上发明最多的科学家，非常重要的一个原因，就在于他从小就对周围的事物产生浓厚的兴趣。爱迪生小时候看到母鸡孵出小鸡，也学着母鸡蹲在鸡窝里，想试试自己能否孵出小鸡来。在母亲的教育下，爱迪生从小就对实验产生了浓厚的兴趣，在家中的地窖里建立起小小的化学实验室，来研究化学。生物进化论的创始人达尔文，从小就有在园子里挖地、栽培、播种、摘果和选种的兴趣和爱好，经过多年的努力，写出了《动物和植物在家养下的变异》一书。

（二）兴趣对人的发明产生导向作用

兴趣是最好的老师。达尔文对医学、数学、神学不感兴趣，而对打猎、旅行、搜集标本却有特殊的爱好。正是这一"不务正业"的爱好，使他登上科学高峰，成为进化论的创始人。卢瑟福是原子核物理学家，他原来要求自己的研究生阿波莱顿也研究放射学。但阿波莱顿没有按照老师的要求去做，而是根据自己的兴趣选择了无线电。后来，在卢瑟福指导下，他终于发现了电离层，获得了诺贝尔奖。

（三）兴趣可以激发人的灵感使创造活动走向成功

英国著名外科医生里斯特发现外科手术后的病人多数死于感染化脓。他曾做了一个统计，他的病人手术后死亡率达 40%，其他外科医生做的手术，病人死亡率达 80%。引起病人伤口化脓的原因是什么？里斯特经过长期的研究，始终没有找出正确答案。有一次，他正在兴致勃勃地阅读法国细菌学家巴斯德的著作，突然，他被书中的"细菌是腐败的真正原因"一句打动，从中得到了启发，进而发明了化学防腐方法。

（四）兴趣可以化苦为乐提高科学研究的效率

科学研究的成果不是一朝一夕获得的，它需要长期艰苦的努力。在一般人看来，科学工作是一项辛苦的工作。但是，一个真正的科学工作者，在从事他所感兴趣的科学工作时，决不会有什么受苦之类的感觉，反而会在工作中产生极大的乐趣。苦与乐是相对的，当一个人对某项工作产生兴趣时，再苦再累也是一种乐趣。历史上科学家，如爱迪生、牛顿、爱因斯坦、居里夫人等，工作起来有时几天几夜不睡觉，有的几个月不离开实验室，对于这些科学家来说，这不是在受苦，而是在享受攻关的乐趣。据有人研究，当一个人把自己所从事的工作当作一种苦差事时，只能发挥全部才能的 20%~30%；而当一个人对工作怀有极大兴趣，工作的积极性高，就能化苦为乐，发挥出他全部才能的 80%~90%。

三、兴趣的培养

兴趣不是天生的，它是在人的社会实践过程中培养起来的。培养兴趣可以从以下几方面入手。

（一）根据社会发展需要来培养兴趣

需要是个体和社会生活中所必需的事物在人脑中的反映。马克思曾说："没有需要就没有生产"人都有一种满足自己需要的欲求或动力，需要是产生行为的原动力，欲求不满足是激起人们产生某种兴趣行为的普遍原因。人的兴趣是在需要的基础上产生的。在人类科学技术发展史上，科学家们许多兴趣的产生都是建立在需要的基础上的。

在 18 世纪，外科手术还处于萌芽状态，即使像阑尾炎之类的小病，也会因医治无效而死亡。这时候急需的是外科手术，这种需要引起了包括约翰·亨特在内的一大批人的兴趣。约翰·亨特冒着极大的风险从绞刑架上或墓地里盗取尸体，进行人体解剖与外科手术研究，最后成为世界上第一位现代外科医生。

天花在 18 世纪还是不治之症，它像死神一样夺去了欧洲一亿五千万人的生命，人们需要征服这危及亿万人生命的"恶魔"。为此，英国人詹纳对此产生了浓厚的兴趣。经过长期的观察和研究，他从挤牛奶的女工不会得天花这一客观事实出发，发现了种牛痘预防天花的可靠办法。

（二）通过激发好奇心来培养兴趣

好奇之心，人皆有之，在新奇刺激物面前不产生好奇心的人是极少的。好奇心是形成兴趣的直接原因。在现实生活中我们常常看到这样的情景：同样一个人，对这个事物表现出很大的兴趣，而对另一个事物则表现出非常冷漠的态度，究其原因，在于人对不同事物的好奇心的强弱不同。当人们对某一事物有了强烈的好奇心时，就会情不自禁地去接触它、欣赏它、研究它，从而培养起浓厚的兴趣来。日本发明大王中松义郎在 50 多年间共有大小发明 3200 余项，平均每年 63 项。"为什么能在长达 50 年中坚持不懈地进行发明创造？"当有人要他介绍这方面的经验时，中松义郎说："这种兴趣的养成是由于好奇的结果。"直到年过花甲，他仍然保持着对新奇事物的好奇心，创造发明的兴趣还没有减退。

（三）广博的知识是增长兴趣的基础

兴趣与知识是紧密联系在一起的，有知才有趣，无知则无趣。兴趣需要一定的理解力和鉴赏力，而这种能力是建立在一定知识水平之上的。没有一定的知识水平，再奇特的客观现象出现在你的面前，最多只能引起短暂的惊异、注目、喟叹，绝不会有真正的兴趣。知识是兴趣的媒介，求知，本身就充满着乐趣，追求知识和获得乐趣是内在统一的。知识是形成兴趣的必要条件，而兴趣又是推进知识学习的巨大动力。兴趣要靠知识来诱发和巩固，而巩固了的兴趣，又是打开知识大门的巨大牵引力。古今中外的许多科学家、发明家，他们的求知欲从来没有满足过；科学家们对未知领域探索的兴趣未曾减少过；发明家们对创造发明的兴趣从未淡薄过。正是这种强烈的求知欲和浓厚兴趣的互补，使科学家们在探索大自然奥秘的过程中获得巨大的创造力，使发明家们在发明创造的道路上获得不竭动力。

第五节　创新情感

情绪与情感是心理活动和心理发展的重要内容，也是进行创新的必要因素。所谓情绪是指人的态度体验中的一种低级形式，它是动物和人类所共有的属性。所谓情感是指人的态度体验中的一种高级形式；是人成长到一定年龄阶段才产生的一种稳定的态度体验，这种体验是与人的社会需要以及精神需要的满足情况相联系的；是人类特有的属性。人们在创新活动中，会产生各种各样的情感体验。例如：在遇到复杂问题而难以理解时，会产生惊讶的情感；在不能做出判断而犹豫不决时，会产生疑惑的情感；在提出解决办法而论证不足时，会产生不安的情感；在获得发明创造而突破创新时，会产生愉悦的情感。

大学生高涨的热情，奔放的激情以及审慎的理智、新颖的审美，不仅是创造性思维的动力，也是调动大学生潜能、开发创造力的催化剂。

一、情感对创新的作用

（一）动力作用

情绪与情感的动力作用是由情绪与情感的推动功能和阻碍功能所决定的。推动功能指积极的乐观的情绪与情感，如良好的心境，饱满的热情等驱使人们积极地去创新。阻碍功能指消极的悲观的情绪与情感，它会阻止人们进一步的创新活动。

情绪与情感对人们的创新有激活作用和激励作用，还可以提高创新效率。创新是一项艰苦的劳动，它必须克服许多困难，把人们的情绪与情感调节到最佳状态，转化为创新动力，可提高智力活动效率，使人们能更好地完成创新任务。

（二）感染作用

一个人的情绪、情感会激起周围人产生相同的情绪、情感体验。感染作用是情绪、情感的主要特征之一。在创新过程中，同事之间都会相互感染，一些人创新成功的良好情绪、情感可以传给更多的人。在学校，学生之间会相互感染；在家庭中，父母亲、兄弟姐妹会相互感染；社会群体和同伴，以及社会文化都会起感染作用。

（三）调节作用

不同的情绪状态对创新效果的影响有显著差异。情绪、情感能促进或阻止人们的记忆、观察，推理操作和问题的解决。因为情绪、情感体验所构成的恒常性心理背景或一时的心理状态，可以影响和调节知觉、记忆和思维等认识过程。

积极的情绪、情感有利于提高创新效率，使创新者取得最佳成果。

（四）表达作用

表情是情感的外显形式，是人与人之间的交际手段，人们通过表情互相传递信息，并判断各人内心变化情况。创新活动中人与人之间通过面部表情、姿态表情、语调表情等进行情绪情感交流，在创新活动过程中起很大作用。

二、情绪的状态

情绪状态主要指心境、激情和热情。人类的情绪与情感是人类寻求真理的动力之一。因为需要是创新动机产生的基础，而情绪和情感又是人对客观事物是否符合自身需要而产生的态度体验，所以从总体上讲，无论是短暂而强烈的情绪，还是持久而稳定的情感，都与创新动机密切相关。

（一）心境

心境是一种使人的活动和体验都染上情绪色彩的，比较轻微而持续的情绪状态。良好的心境，会显著地促使个体对周围事物充满兴趣，保持关注。对外部世界探究的积极性和主动性以及由此萌发的创新性，会在此背景下高效率地表现出来。反之，低迷、灰暗的心境，会对所有的兴奋点产生强烈的抑制，由此导致记忆力衰退，思维迟滞，想象力贫乏，理解力下降，直接或间接地遏制和影响人的创新思维。可以想象：一个对一切都心灰意懒的消沉之人，在他的心中还会尚存创新的天空吗？就更谈不上创新的动机了。

（二）激情

激情是一种冲动性的心理状态，是短暂的情绪状态。它通常是由社会或个人生活中具有重要意义的事情所引起。在激情的冲动下，一方面人们可能失去理智，做出违背理性的傻事；另一方面，人们可获得灵感，做出惊世骇俗的壮举。德国文学家歌德在失恋以后，思绪翻腾，难以平静，痛苦的激情有如骨鲠在喉、不吐不快。于是他以笔抒情，写出了不朽名著《少年维特之烦恼》。对于创新事业来讲，人在积极的激情状态下，会自觉调动身心的巨大潜力，使之成为正确行为的巨大动力，使人受激励去克服困难，其作用是不言而喻的。大学生要想成为创新型人才，就必须善于控制和引导这种特殊的心理状态。必要时应当造就心理的高度兴奋，使自己全身心地进入创新角色，达到创新高潮。

（三）热情

热情是一种强有力的、稳定而深刻的情绪状态。它不如激情强烈，但比激情深刻持久，不如心境广泛，但比心境强烈深刻。一个人有了热情，往往历久不衰。热情所产生的积极力量，是人类向前发展的重要动力，也是个体智力表现与创新发展的必要条件。

热情不是一种简单的情绪体验，它往往与人的理想、信念以及高级情感相联系，因而具有深刻性和稳定性特点，不会以时空的变化为转移，是人的自觉能动性的重要表现。

热情可掌握人的整个身心，决定人行为的基本方面，蕴藏着巨大的力量，推动人为实现既定的目标而不停地奋斗。

三、创新情感的培养

情感的主要品质有：情感的倾向性、多样性、深刻性，固定情感的品质与创新有密切的关系。

（一）以理性情绪代替非理性情绪

对于大学生来说，生理发育已完全成熟，心理发展也基本完善，但社会阅历和生活经验还很欠缺，可能产生一些幼稚和不成熟的想法，有时在各方面条件不成熟的情况下，就对自己的创新付之于行动，其结果是失败。而面对失败有些人会进行总结，找出失败原因继续接着干；有些人则愁眉苦脸，忧心忡忡，以致心情平静不下来，无法继续完成自己的工作。面对失败，要看到成绩，看到光明，要提高我们的勇气。有时与其说给人带来不适应的是事情本身，还不如说是对事情的看法，困境有时是自己制造出来的。情绪的不稳定和心理的不适应是由于头脑中过于理想化和不切实际的愿望，这样就不能正视、更不能承受人生中的不如意或痛苦的遭遇，大学生应该逐步学会主动地排除自己的非理性信念，争取创新的成功。

（二）学会对不良情绪情感的调适转化

大学生应逐步学会情绪转移，以积极情绪体验冲淡消极情绪体验。情绪、情感具有两极性，它们是相互依存的。两极的情绪、情感是通过彼此斗争而发展的，并在一定的条件下常常可以互相转化，因而两极情绪、情感的区分是相对的。有的情绪可能既具有积极的性质，又具有消极的性质，而且在一定条件下二者可相互转化。积极的情绪、情感有利于大学生学习、生活、创新等。对那些不良的情绪，如冷漠、烦乱、急躁等要勇于纠正，以形成诸如热情、冷静、稳定等良好情绪。

大学生还应学会采取适当方式进行情绪宣泄。情绪一经产生并达到一定强度时，人便处于一种困扰或骚乱状态，如果不加以宣泄，长此下去就会引起生理或心理疾病。要学会正确的情绪宣泄方法，如找知心朋友吐露心中的烦闷，听音乐，看电影，练书法或参加体育活动等。

（三）创新热情的培养

创新热情是一种较热烈、稳定而深厚的情感状态。它是一种比创新兴趣更为稳固、更为持久的情感。一个具有创新热情的人往往会积极主动地创新，从创新中体验无比的快乐，不太计较个人的生活与处境，易于养成不断创新的习惯。

培养创新的热情，重要的是要树立远大的志向，制定合理的创新目标，这有利于创新热情的养成，同时要扫除心理障碍，培养创新的自信心，使创新成为一种愉快的活动。

第六章
大学生创新思维的障碍及突破

在现实生活中，我们会遇到许许多多的问题，要解决这些问题，就必须明确问题，找出障碍，然后决定如何克服这些障碍。创新过程中也存在着许多障碍，它们是创新的绊脚石，不清除这些障碍，创新就是一句空话。

第一节　创新思维的障碍

创新思维的障碍很多，从总体上看，可分为两类：第一类是来自创新主体内部与其心理活动相关的障碍；第二类是来自创新主体外部与社会环境相关的障碍。

一、创新的心理障碍

当创新主体的创新意识不太强烈或对创新理论不太了解时，就会缺乏创新欲望、创新热情和创新兴趣，因而也就容易产生各种创新心理障碍，主要有以下几点。

（一）自卑

有自卑感的大学生，总认为自己智力低下、知识浅薄，不是搞创新的材料。他们不相信自己的能力，怕自己栽跟头、怕别人看笑话，因而缩手缩脚、不敢尝试创新。

（二）疲倦

创新的过程，本身就充满探索和冒险，其间会遇到许多挫折和困难。意志薄弱者，常常会不胜其烦，产生厌倦情绪。这些人在创新途中，很快就因精疲力竭而半途而废。

（三）胆怯

有些大学生在创新活动中，常常前怕虎、后怕狼，顾虑重重、畏缩不前。他们既怕知识不够，又怕条件不具备，还怕难度太大。只能因循守旧，不敢开拓进取。

（四）懒惰散漫

创新是一项艰难的事业，消极、懒惰、散漫皆可能动摇大学生的创新决心和开拓意志，使他们的创造热情逐渐低落、创新进度逐渐减慢，并使工作杂乱无章、事业一无所成。

（五）好高骛远

有的大学生在开展创新活动时，贪大求全，眼高手低。大事做不来，小事又不做。整天把希望寄托在灵感上，指望有惊人的创新奇迹产生，超出自己的能力范围去胡思乱想。

（六）思维定势

这是非常有害的一种心理障碍。它可使大学生的思维陷入生硬僵化、固定不变的境地；使大学生的思想落入崇尚教条、迷信书本的泥潭，因而降低了思维活力、扼杀了创新才能。

二、创新的外部环境障碍

大学生也是生活在现实环境中的，因此环境条件必然会对他们的创新活动产生影响。这种影响既有积极的一面，也有消极的一面。消极的影响就会构成发明创新的障碍。

（一）物质方面的障碍

资金、设备、仪器、材料、人员、信息、情报等的不足都是常见的障碍，它们会对大学生创新活动起到很大的阻碍作用，有时甚至会使创新活动要么无法开展，要么半途而废。大学生创新应能正视物质方面存在的障碍，既不能畏之如虎，也不能视有若无。应主动创造条件开展发明创新活动。

（二）精神方面的障碍

不良的社会舆论、陈腐的人文风气、鄙陋的生活习惯，也会对大学生创新构成障碍，使他们难以招架。在创新活动中，领导的态度、老师的想法、同学的认知都极为重要，它们有可能成为创新的有利条件，也有可能成为创新的不利因素。一旦这些东西转化为消极因素时，它们就对大学生创新活动形成极大的威胁。

特别是在创新活动开始时，领导和权威的干预或反对，以及在创新活动失利时，同学和群众的讽刺和嘲笑，往往会使大学生创新举步维艰、难以为继。所以，大学生创新应尽量争取领导和同学的支持和理解，积极创造和谐融洽的创新氛围，努力变不利因素为有利因素，使障碍变成动力，努力开拓出有利于培养和造就自己创新力的新局面，使自己的创新力得到开发与提升。

第二节　思维定势对创新思维的影响

要激发创新性思维，提高创造性解决问题的能力，关键是打破那些禁锢人们创新性思维的枷锁。这些枷锁包括知识上的、情感上的、文化习惯上的等许多方面，主要的是在人们头脑中形成的一种思维习惯，这就是思维定势，它们是妨碍创造力发挥的最大障碍。

一、思维定势

人们由于受固有的知识结构和过去经验的影响，容易产生以相同的方式认识事物或解决问题的倾向，称为思维定势。每次碰到同类问题时思维活动便会自然地受到这种思维定势支配，甚至在环境、条件等发生明显变化时仍不肯改变。

马戏团的人在训练大象时，一般都是从小象开始训练，为了防止象逃跑，最初用结实的绳子，甚至钢索，把它们拴在结实的柱子上，小象一次又一次地企图挣脱绳索对它的约束，然而一次又一次失败，经过无数次的尝试后，便不再进行这种努力，最后马戏团的人用一根很细的绳子，就可以控制住象的自由。为什么呢？象已经适应了这种约束，不想再改变了。

把跳蚤放在广口瓶中，用透明的盖子盖上。这时跳蚤会跳起来，撞到盖子，而且是一次又一次地撞到盖子。当你注视它们跳起并撞盖子的时候，你会注意到一些有趣的事情。跳蚤会继续跳，但是不再跳到足以撞到盖子的高度。然后你拿掉盖子，虽然跳蚤继续再跳，但不会跳到广口瓶以外。为什么呢？跳蚤已经调节了自己跳的高度，不想再改变自己了。人的思维往往也是这样。

此外，某些流传久远的观念、行为和处世箴言之类，也往往通过各种渠道传给人们，从而构成思维定势的一部分，这一部分往往具有道德方面的含义。比如，嘴上没毛，办事不牢；老马识途；树大招风；人怕出名猪怕壮，等等。

二、思维定势的特点

思维定势的形成，与现实社会的文化传统和个人的独特生活经历有很大的关系，它具有很大的惯性，一旦定型之后就极难改变，因为支持思维定势的，是思维主体所具有的实践目的、价值模式和知识储备等内在因素。

思维定势有两个特点。

（一）形式化结构

思维定势是一种纯"形式化"的东西，它是空洞无物的模型。只有当被思考的东西填充进来以后，当实际的思维过程发生以后，才会显示出思维定势的存在，显示出不同定势之间的差异。因而可以说，没有现实的思维过程，也就无所谓思维定势。正如，从没遇到过危险境地，也就难以断言某人是英雄还是懦夫。

心理学家曾设计了这样一种思维游戏：木桌面上摆着一张 10 元的钞票，钞票正中压着一把竖直放着的没开刃的菜刀，菜刀上支撑着一个横过来的木杆，木杆两端系着两个平衡锤一样的东西，稍微晃动就会倒下来。现在要求游戏者在保持木杆平衡的前提下，把那张 10 元钞票取出来。

经过多次尝试，游戏者们发现，不管怎样小心翼翼，要想不碰倒木杆取出那张钞票几乎是不可能的。

其实，解决这个问题有一个极为简单的办法，那就是把钞票撕开，从刀刃压着的地方撕开，就会轻而易举地取出钞票。然而绝大多数游戏者都想不到这个方法。

由此可见，在现实生活中，人们已经不自觉地对钞票产生了一种尊崇的心理，而不是把它看做一张纸，因而从没有想到要去撕破它。这种定势只有在一定的条件下才能显露出来，并构成了创新思维的障碍。

（二）思维的惯性

一般来说，某种思维枷锁的建立要经过长期的过程，而一旦建立之后，它就能够"不假思索"地支配人们的思维过程，心理态度乃至实践行为，具有很强的稳定性甚至顽固性。常听到一些丢了钱的人说："那些钱要是能找到，就到饭店去大吃一顿，把它们都花光"。如果钱真的找到了，他又舍不得到饭店里去吃了。

思维定势在处理某些问题的时候，容易把人们引入歧途，往往要耗费大量的时间和精力才能让人"迷途知返"。这也是从另一个角度说明了定势的顽固性。

在欧洲，自从西红柿采摘机发明以后，不少机械设计师一直在忙于改进。但是，那些经过改进的形形色色的采摘机，依然无法避免在采摘过程中把西红柿皮弄破。终于，人们注意到问题的关键不是采摘机太笨重，而是西红柿的皮太薄，要想彻底解决这个问题，只有请植物学家培养出一种新品种，使西红柿长出像水果那样厚的果皮。

有一次，一位汽车修理工给俄罗斯犹太裔美国科幻小说作家阿西莫夫讲了一个笑话："有一位聋哑人，想买几根钉子，就来到五金店，对售货员做了这样一个手势：左手指立在柜台上，右手握拳做出敲击的样子。售货员见状，先给他拿来一把锤子；聋哑人摇了摇头。于是售货员就明白了，他想买的是钉子。""聋哑人买好钉子，刚走出商店，接着进来一位盲人。这位盲人想买一把剪刀，请问：盲人将会怎么做？"阿西莫夫顺口答道："盲人肯定会这样……"他伸出食指和中指，做出剪刀的形状。

听了阿西莫夫的回答，汽车修理工开心地笑起来，"哈哈，答错了吧！盲人想买剪刀，只需开口说，我买剪刀就行了，他干嘛要做手势呀？"

阿西莫夫只得承认自己的回答很愚蠢。而那位汽车修理工在考问他之前就认定他要答错，因为阿西莫夫"受教育太多了，不可能很聪明"。

这个故事尽管讽刺的是阿西莫夫的书呆子气。但实际的情况是修理工在给人讲这个故事时，许多人都会答错。为什么，就是因为多数人都是顺着前面的思路，而不假思索地回答造成的。这说明思维定势确实会束缚人的思维。

三、辩证看待思维定势

思维定势对人们的思考也有很多好处。在处理日常事务和一般性问题的时候，使人们能够驾轻就熟，得心应手，圆满地解决问题。它使人们在思考问题时省去了重新探索、试探的思维过程，节省了脑力和时间，提高了思维效率。许多学识渊博、经验丰富的专家，常常能既准又快地解决本专业的问题，其原因就在于他们的头脑中形成了大量的解决本专业问题的思维定势。然而，思维定势的弊端在于，当我们面临新情况新问题而需要一定创新的时候，它就会变成"思维枷锁"，阻碍新观念、新点子的构想，同时也阻止头脑对新知识的吸收。正如法国生理学家贝尔纳所说："妨碍人们创造的最大障碍，并不是未知的东西，而是已知的东西。"

在人们的头脑中，有许许多多的清规戒律，诸如"绝不允许……""千万别……"之类的事情，这些都是社会教给你的，对于维护社会秩序是完全必要的，但是，在社会生活中也有许多因素能够减弱人们已经形成的思维定势。一些非常规事物的另一面，例如，南京市的一位国画家，从事绘画艺术已有 20 多年。在一次偶然的事故中，他的右手严重受伤，无法执笔作画。痛苦之余，这位画家尝试用左手绘画，经过一段时间的练习之后，他惊喜地发现，由于左右手易位，使他认识到并打破了许多不必要的条条框框，这些条条框框原先存在于画家的意识中或潜意识中。结果，他现在用左手作画，大胆奔放，笔笔到位，墨趣横生，整个画面显得既厚实鲜活，又率真自然。这正是画家用右手作画十余年，苦苦探索而又觅之不得的境界。

像这一类的偶然事件并不是人人都会遇到的。但是，只要有心发展创新思维，同样能够发现许多类似的机会，也可以创造出这样的机会。

头脑中的思维定势有许许多多种，其中与创新思维有关联的，影响较普遍的有以下几种：从众型思维定势、经验型思维定势、权威型思维定势、书本型思维定势、自我中心型思维定势、唯一标准型思维定势等。

第三节 从众型思维定势的表现及突破

一、从众型思维定势的表现

从众心理是指个体屈服于群体压力或环境压力所产生的一种"随大流"的行动。在"从众枷锁"的指导下，别人怎么做，我也怎么做；别人怎么想，我也怎么想，这就是从众型思维定势。

例如，当你骑着自行车来到一个十字路口，看见红灯亮着，尽管你清楚知道闯红灯违反交通规则，但是，当你发现周围的骑车人都不停车而是直着往前闯时，你犹豫了一下，也跟着大家一起闯红灯，这是现实生活中我们常看到的行为。

动物界也有这种现象，法国的自然科学家法伯曾经做过一次有趣的"毛毛虫试验"。

法伯把一群毛虫放在一个花盆的边缘，让他们一个紧跟着一个，头尾相连，围成一圈，并在花盆周围不到6英寸的地方撒了些毛虫最爱吃的松针。毛虫开始沿着花盆爬行，每一只都紧跟着自己前面的那一只，既害怕掉队，也不敢独自走新路。它们连续爬了7天7夜，终于因饥饿而死去。

毛虫为什么会饿死呢？到底是什么原因使他们没有爬到花盆外边去呢。原因就在于它们是群居动物，有着一种强烈的"从众"倾向。由于大家都绕着花盆在爬，因为从众的习惯，所以根本没有一只毛虫会爬到花盆外边去。

我国的心理学家做过心理学实验，发现我国大学生中有44%的人有从众行为。仔细观察一下，社会上的人们大部分的行为选择其实都是盲目从众的结果。

从某种角度来说，从众行为是必要的。社会生活需要相互合作，如果没有一致的行为，社会组织将崩溃。况且，在特定的情况下，当你茫然不知所措时，仿效他人的行为和听从别人的见解也不失为一种权宜之计。

然而，从众行为却牺牲了人们的个性，妨碍人们产生新的创见，压抑了个人的独创精神。特别是当这种一致性要求达到相当的程度时必然对人的实践行为、情感态度乃至思想和价值观产生影响。所以，从一定意义上说，从众行为和附和态度不利于创造性思维，而独立思考的个性却有助于发展创造力。

二、从众型思维定势形成的原因

（一）来自群体的压力

人类是一种群居性的动物，喜欢一群人待在一起。这个"群"小到数十人（原始的部落），大到数亿人（现代的国家）。为了维持群体的稳定性，就必然要求群体内的个体保持某种程度的一致性。这种"一致性"首先表现在实践行为方面，其次表现在感情和态度方面，最终表现在思想和价值观方面。然而实际情况是，个人与个人之间不可能完全一致，也不能长久一致。一旦群体发生了不一致，那怎么办呢？在维持群体不破裂的前提下，可以有两种选择，一是整个群体服从某一权威，与权威保持一致；二是群体中的少数服从多数，与多数人保持一致。本来，"个人服从群体，少数服从多数"的准则只是一个行为准则，是为了维持群体的稳定性的。然而这个准则不久便产生"泛化"，超出个人行动的领域而成为普遍的社会实践原则和个人的思维原则。于是，思维领域中的"从众障碍"便逐渐形成了。

在"参军热"的时候，人们拼命地朝部队里挤；在"文凭热"的时候，人们也熬夜复习考大学；在"出国热"的时候，人们到处找人办经济担保；在"下海热"的时候，人们也集资办公司；在"炒股热"的时候，人们挤着去买股票。

有位小伙子写征婚启事，对"有意者"的身高要求精确到小数点后两位。当有人问他："身高对婚姻有什么意义？"他回答："别人征婚都有这一条。"确实，他的回答自有他的道理。在很多场合，"别人都这么做"就是我这么做的最充分的理由。这似乎成了一条不言自明的公理，由此可见思维定势的影响之大。

（二）来自传统文化的影响

在传统社会中，统治阶级通过各种手段，不断强化人们的从众枷锁，维持全社会的一体化，占统治地位的思想总是统治阶级的思想。统治者当然希望自己的臣民们思想一致、步调一致。因而排斥那些惊世骇俗的言行和特别独特的人物。

一个社会的传统色彩越强烈，其中个人思维的从众枷锁也越稳固。曾有一位学者，统计不同社会中"左撇子"在总人口中所占的比例，以此来说明在不同的社会中，人们思维的从众定势具有不同的强弱程度。从众定势较强的社会，人们认为"右撇子"是正常状态，因而常常把小孩子的"左撇子"硬性纠正过来。所以，一个社会中"左撇子"比例越高，从众定势越弱，"左撇子"比例越低，则从众定势越强。

一个从众定势较弱的人，常常被大家认为"不合群""好斗""古怪"等等。只要有机会，大家就会对这种人群起而攻之。心理学家做过这样一次实验：在一个小组中，有一个"不合群"的人。心理学家请这个小组推荐一个人去参加一个令人不愉快的惩罚性实验，结果大家不约而同地推荐那位"不合群"的人；如果请同一个小组推荐一人去参加一次有奖励的实验，那么大家谁也不会推荐"不合群"的人。

这个实验充分说明，不从众的人会受到群体的排挤和攻击。于是，头脑灵活的人总是按照从众定势来思维，尽管有时候他并不知道大家为什么要那样做。

美国有位作家在 20 世纪 60 年代编写过一部电视短剧，意在用形象的语言印证些心理测验结论。剧中有两个景。

其一，在某个办公大楼的电梯门口，有位职员站着等电梯。一会儿，电梯下来了，门一开，只见电梯内的每个人都脸朝内、背朝外地站着。那位职员起初感到有些奇怪，想不出大家都这样做的理由。但是，他自己走进电梯之后，同样是脸朝内、背朝外地站着。

其二，某人走进医院候诊室，看见候诊室内的人们都穿着内衣内裤，有的在读书，有的在喝咖啡，有的在聊天，但无一例外地都没有穿外套。那位后来的人心想，大家都不穿外套，其中一定有缘由。于是，他马上跟着脱掉外套，仅穿着内衣内裤在那里等候就医。

在现实生活中，衡量是非的标准往往并不是纯粹的事物，而是主观的心灵，是自己的感受。而人总是结合为一个团体的，这一个团体之中，如果大家都认为某件事情错了，那么久而久之，这样事情可能确实就错了。如果大家一直认为某件事情是正确的，那么，久而久之，这件事情在这个团体中就是正确的。团体中所通行的法则也就是公认的正确的法则，团体中所排斥的那种做法也就是公认的错误做法。正像习惯用右手的人，大家认为是正常的，而习惯用左手的人，却会被称为"左撇子"，带有一种歧视的味道。

要想改变一个人的是非观念，也许并不困难，但是要想改变一群人甚至一个国家和民族所有人的是非观念，那是一件十分困难的事。大多数人宁愿相信传统，相信自己以往的经验，而闭眼不看眼前的事实。

所以，有创新思想的人不能一味按照大家的口径来发表意见，应该有自己独特的见解。大家都认为正确的，有时并不一定正确。

三、从众型思维定势的突破

（一）相信真理有时掌握在少数人手中

不论生活在哪种社会、哪个时代，最早提出新观念、发现新事物的总是极少数人，而对于这极少数人的新观念和新发现，最初绝大多数人是不赞同甚至激烈反对的。为什么呢？因为每个社会中的大多数人生活在相对固定化的模式里，他们很难摆脱早已习惯了的思维框架，对于新事物新观念总有一种天生的抗拒心理。比如，哥白尼反对传统的"地心说"而提出"日心说"，认为地球绕着太阳转。这种学说首先遭到了普通民众的反对。因为过去的"地心说"给人们以稳定安全的感觉，而"日心说"却使普通民众感到惶惶不安——脚下的大地不停地转动，我们地面上的人岂不要被甩出去了吗？地球要转到哪里去呢？转动的地球是一幅多么可怕的图景啊！

人类历史上的每一次观念变革全都是这样的情况。必须过了很久之后，由极少数人所发现的真理才慢慢传播出去、普及开来，成了普通民众都接受的常识。所以，当我们在面对具体情况进行创新思维的时候，就不必顾忌多数人的意见，不必以众人的是非为准，这样才能真正打破封闭、开阔思路，获得新事物新观念。

（二）时刻保持冷静清醒的头脑

鲁迅先生曾经用一个很简单的例子说明保持头脑清醒的重要性。在一个密不透风的铁房子里，睡着一群人。由于密不透风，所以人们快要被闷死了，这时，突然有一个人清醒过来，意识到当前的危险状况，请问，这个清醒的人应该怎么办？如果他大声叫起来，把大家都惊醒，让大家承受临死之前的痛苦，这种做法是正确的吗？或者他根本不要叫醒众人，让大家在沉睡中不知不觉地被闷死。这样会不会更好一些？最早的清醒者往往面临两难境界。鲁迅笔下《狂人日记》中的狂人，就是一个最早的清醒者。因为狂人与众人的看法不一致。所以，迫害狂人的人，并不是别的什么人，并不是与狂人有仇的人，而是狂人自己周围的人，他的亲戚和朋友。

所以，社会上的清醒者，那些最早起来创新的人，怎样使自己与周围的人群既保持一致，又使得大家不能扼杀自己的新思想，这是一个很困难的问题。如果你不和周围的人保持某种程度上的一致，那么，你就会很孤立，你的新思想就无法推行；如果你与周围的人过分地保持一致。那么，你自己的新思想也就忽略、被扼杀了。

（三）敢于坚持自己的见解

从众定势不利于个人独立思考。如果一味地"从众"，个人就不愿意开动脑筋，也就不可能获得创新。因此，对一个团体来说，"一致同意""全体通过"并不见得是件好事，可能它的背后隐藏着"从众定势"。

在美国通用汽车公司的一次董事会上，有位董事提出了一项决策议案，立即得到大多数董事的附和。有人说，这项决策能够大幅度提高利润；有人说，它还有助于我们打败竞争对手；还有人说，应该组织力量，尽快付诸实施。但是，会议主持人则保持了冷静的头脑。他说："我不赞同刚才那种团体思考方式，它把我们的头脑封闭在一个狭小天地内，这会导致十分危险的结果。我建议把这项议案搁置一个月后再表决，请每位董事各自独立地想一想。"一个月后，重新讨论那项议案，结果它被否决了。

日本有一家纺织公司的董事长，名叫大原总一郎。他曾提出一项维尼纶工业化计划。但是这项计划在公司内部遭到普遍的反对。大原总一郎不屈不挠，坚持推行自己的原定计划，终于大获成功。他的父亲经常对他说："一项新事业，在十个人当中，有一两个人赞成就可以开始了；有五个人赞成时，就已经迟了一步；如果有七八个人赞成，那就太晚了。"新观念的倡导者和新事物的发现者们，大多不同程度地有一种孤独寂寞，不被人理解的感觉。

1983 年，正当全国机械手表降价时，深圳的"天霸表"却反其道而行之，其价格从120 多元涨到 180 多元。而它的内在质量并无显著提高，只是在外形上做了些改变，改变一次涨一次价。这种"逆流而上"的做法，反而在消费者心目中树立起"一分钱一分货"的高品质形象。

第四节　权威型思维定势的表现及突破

一、权威定势

有人群的地方总会有权威，权威是任何时代，任何社会都实际存在的现象。人们对权威有普遍崇敬之情，这本是可以理解的，然而这种尊崇常常演变为神话和迷信。

在思维领域，不少人习惯于引证权威的观点，不加思考地以权威的是非为标准，一旦发现自己的思想与权威的思想不一致，首先不是想到权威的错误，而是自己的错误。这就是我们说的权威定势。

例如，中世纪《圣经》在西方的地位是至高无上的。按照《圣经》上的说法，太阳是绝对纯洁无瑕的，绝对不会有"黑子"。有一次，一位教士借助望远镜看到了太阳黑子，这位教士自言自语道："幸亏《圣经》上已有定论。不然的话，我几乎要相信自己的眼睛了!"

二、权威定势形成的原因

(一) 教育的结果

儿童在走向成年的过程中,学校、社会向孩子灌输种种权威的定论。不论那个时代的教育,哪个社会的教育,或是哪种类型的教育,不管其内容如何,其采取的手段不外乎是奖励正确的行为和惩罚错误的行为。而划分正确和错误的标准,则是由成人决定的。而从教育的内容来说,教育倾向于传授知识,着眼于证实已有的东西,特别是重视所谓的正确结论而忽视人类探索知识的过程甚至错误。致使儿童过分相信印成铅字的思想,相信别人胜于相信自己。教育从本质上讲,是一种规范人的行为的活动。

在某些场合,当后天教育与儿童的自然天性发生冲突的时候,儿童也会以各种方式予以反抗,但反抗的结果往往是以儿童的失败而告终,这从反面又教育了儿童,权威的力量是不可逾越的,只能无条件地遵从。久而久之,在儿童的思维模式中,由教育所造成的权威定势最终确定下来了。由此,权威定势使人们逐渐习惯以权威的是非为准,对权威的言论不加思考地盲目信任、盲目服从,其结果必然是扼杀了人的独立性和创新意识。

例如,一位老师在"科技"课上告诉学生们,硫酸是一种腐蚀剂,能够除掉铁锈,恢复铁器光亮的表面;但是,如果不小心把硫酸滴到衣服上,就会烧出一个洞。

乐乐听了老师的课,就用硫酸擦一只生锈的铁勺,果然擦得很亮,得到了妈妈的夸奖。于是他在心想;"老师真了不起,听了他的话,我尝到了甜头!"

奕奕也听了老师的课,却故意把硫酸滴到自己的衣服上,结果衣服上烧出了洞,挨了爸爸一顿训。于是他心里也在想。"老师真了不起,不听他的话,我吃了苦头!"

对于弱小而且无知的儿童来说,家庭、学校和社会都是不可抗拒的外在力量。这些力量构成了一个个的权威,这些权威们用一系列的"必须做……""应该做……""不能做……"来教育儿童,这样便形成了权威定势。

(二) 受"专业权威"的影响

由深厚的专门知识所形成的"专业权威",也是形成人们权威定势的重要因素。

在传统社会里,权威定势的强化往往是由统治集团有意识培植的,借以巩固自己的地位,扼杀反叛意识。因为统治者本身就是政治权威的代表,自身权威的巩固就会在全社会产生一种导向,使得普通民众对于各类权威更加望而生畏,敬之若神明,不敢生非分之想。

一般来说，由于时间、精力和客观条件等方面的限制，个人在自己的一生中，通常只能在一个或少数几个专业领域内拥有精深的知识，而对其他大多数领域则知之甚少，甚至全然不知。这就是"闻道有先后，术业有专攻"的道理。

在多数情况下，人们按照专家的意见办事，总能得到预想中的成功；如果不慎违反了专家的意见，总要招致或大或小的失败。如此久而久之，人们便习惯以专家的是非为准，总是想当然地认为"专家不可能出错"。于是大家的思维模式当中，专家就形成了权威，形成了一道难以逾越的思维屏障。

在现实生活中经常能看到这种现象，当两人发生争论的时候，如果一方能引证专家话为自己辩护，那么另一方就只有拱手认输的份了。再看看理论研究文章，哪篇文章如果没有大量引用权威的语录，作者和编者都感到心里不踏实，"拿不准"；只有拉出一个权威来帮腔，大家才都能松一口气。就连"彗星撞木星"这类与我们毫不相干的事，也必须打出"紫金山天文台"的招牌才能取得听众的信赖。

不论是来自教育还是来自专家，归根结底，思维领域的权威定势根源于个人知识的局限性。个人知识上的有限，使我们崇奉博学的人为权威；个人力量上的有限，使我们崇奉强力者为权威。我们试图通过权威的力量，把自身的有限性上升为无限性。

任何事物都有两面性。从社会生活领域来看，权威定势有益处也有害处。真正的名副其实的权威在日常思维中具有积极的意义，它为我们节省了无数的时间和精力，而不必样样都要探究个为什么。但是，从创新思维的角度来说，权威定势思维显然是不可取的。古今中外历史上的创新常常是从推翻权威开始的。无论是伽利略对亚里士多德权威的否定，还是爱因斯坦对牛顿经典力学的反叛，没有突破旧权威的束缚，就不会做出划时代的贡献。

三、权威型思维定势的突破

(一) 敢于怀疑权威

中国古语云：学贵有疑，小疑则小进，大疑则大进。1910 年年底，卢瑟福在带领学生进行 α 粒子轰击金箔的实验时，发现射出的几万粒 α 粒子中有几粒被弹了回来。这一实验结果与当时为世界所公认的，由他的老师、英国著名物理学家汤姆逊提出的原子模型相违背。面对与权威理论相矛盾的实验误差，卢瑟福不是就此止步，而是带领学生进行了精确的实验，并由此创立了著名的原子"太阳系模型"，使人们对原子内部结构的认识又向前迈进了一大步。

杰出的地质学家李四光也有句名言："不怀疑不能见真理。"打开科学的史册，凡是有所作为的科学家，无一不具有勇敢地突破权威定势的精神。一部科学技术史显示，新科技的诞生、成长以及发展，实质上就是一个不断推翻、否定权威的过程。突破权威定势往往就意味着创新。

李四光就是一位敢于怀疑权威，不断探索真理的科学家。当时，世界地质学权威们汇聚中国，在考察了我国的地质构造后，得出了中国是个贫油国的结论。而李四光不迷信权威，大胆对权威们的定论提出异议。他克服了来自权威们的阻力和落后的研究条件等难以想象的困难，在对我国地质结构进行深入研究后，预言我国的石油远景将十分辉煌，为后来的大庆、大港、胜利等油田的相继发现奠定了理论基础。

（二）认真审视权威

为了进行创新思考，必须打破以权威为准的思维枷锁。根据国外成功的思维训练方案，要想弱化思维中的权威倾向，就要对"权威"进行一番严格的审查。作为一个"合格"的权威，至少应该具备以下几个条件。

第一，是不是本专业的权威？

一个人只要在一个特定的专业里做出重大的贡献，就会被人们推崇为权威。而一旦被推崇为权威，他的影响力就会超出本专业领域之外，以致大家认为他的言论在他的专业之外也具有权威性，这种现象称为"权威的泛化"。

请冷静地想一想，一位著名相声演员就有资格评价一种啤酒吗？一位运动健将就肯定能制造出高质量的运动衫吗？一位发明家就能够更好地参政议政吗？一位名演员对某项政策的评价就更有价值吗？……所有这些，不过是"权威泛化"的结果而已。

面对社会上这类权威漫天"泛化"的奇怪现象，我们在进行创新思考的时候，应该时刻提醒自己，他本来是哪个专业的权威？他对这个题目有深入的研究吗？他那不假思索、顺口而出的话对于这个题目究竟有多大的价值？

第二，是不是本地域的权威？

即便是本专业的权威，我们还要审查他的地域属性。因为每个地域都有自己的特殊情况，适应于此地域的权威言论，不一定能够适应彼地域。

比如，日本企业管理的权威，不一定能管好中国的企业；美国人权专家的理论，不一定适用于中国的人权现状；沿海城市的规划专家，不一定能规划好内地的城市；如此等等，都是因为不同地域的差异使得他们的权威性大大地打了折扣。

所以，当我们听到某种权威性论断的时候，请想一想，那位权威是不是其他地域的？也就是说，他的论断是否同样适合本地域的具体情况？经过这样的审查，我们也许发现，不少"权威性的论述"仅仅适用于一个极其狭小的空间范围，一旦超出这个范围，其"权威性"立刻就丧失殆尽。

第三，是不是当今最新的权威？

按照辩证法的观点，从社会发展上来说，任何权威都只是一时的权威，而没有永久的权威。"江山代有才人出，各领风骚数百年"。随着时间的推移，旧权威不断让位于新权威，今天的权威取代了昨天的权威，而明天的权威又将取代今天的权威。

中外历史上都有这样的例子。牛顿曾经被誉为"科学的最高权威""物理学的顶峰"，但是自从19世纪末发现原子放射现象以来，牛顿的权威性便黯然失色，被限制在一个很小的范围内。特别是近几十年以来，各门自然科学和社会科学都在迅猛发展，新材料、新事实、新结论不断涌现，使得权威折旧率也在不断加速，某个权威在"权威的宝座"上待不了多久，就会被新的权威所代替。如果能注意到这一点，也许会大大减弱我们对各类权威的敬畏心态。

鉴于此，我们在面对权威的时候，还要审查一下他的时间性。如果他只是几十年前甚至几百年前的权威，他的言论也许早已过时，只具有历史价值而不再具有权威价值，那么我们也就没有必要过分认真地对待那些已经过时的言论了。

第四，是不是借助外部力量的权威？

在不少领域，被外界公认的权威往往并不是本领域中的顶尖人物，他们是借助某种外部力量才升为权威的。例如，他可以借助政治的力量，在某一领域里身居要职，便很容易成为这个领域的权威。他可以借助经济力量，凭借财大气粗采取全方位攻势，也能够很快地出人头地；他也可以借助新闻媒体的"宣传""包装"，甚至借助投机钻营，拉帮结派等不正当手段，在很大程度上也能够越过那些只懂埋头做学问的人，而登上"权威"的宝座。

所以，我们在审视某个权威的时候，别忘了审查他的历史，看看他能够成为权威，是凭借自身的学术实力，还是凭借非学术的外部力量。

第五，其言论是否与权威自身利益有关？

在现实生活中，每个人都存在于一定的社会关系中，都隶属于一定的利益集团。这种社会关系和利益关系必然会在每个人的思想和言论上打下深深的烙印。

因此，即使是一位真正的权威，而且是在他的专业领域内发表意见，我们也需要审查一下，看看他的论断是否与他自身的利益有关。某位科学家发明了一种营养品，那么他自己对这种营养品的评价就失去了权威性，因为他与这种营养品之间具有割不断的利益关系。

与此类似，某个质量检测专家组如果要向受检查对象收取赞助费，那么他们的检测结果同样失去了权威性；一位医学家，即便是得过诺贝尔奖的，如果收取了厂商的费用，那么他对这家厂商某一产品的推荐也不一定是靠得住的。"吃了人家的嘴软，拿了人家的手短"。权威也是活生生的人，也有七情六欲，不能要求所有的权威都成为毫无私心杂念的圣人。

如果看到某位权威在卖力地推荐某种产品或某项观念。我们就有必要想一想；他的言论与他自己的利益有没有关系？

总的来说，我们应该尊重权威，但是不能迷信权威。为了打破思维定势，保持头脑的灵活与思维的创新，我们必须对进入思维范围内的权威先审视一番。

第五节　经验型思维定势的表现及突破

一、经验在生活中的意义和作用

所谓经验就是人们通过实践获得的知识，掌握的规律和技能。我们生活在一个需要经验的世界里，在一般情况下，经验是我们处理日常问题的好帮手。只要具有某一方面的经验，那么在应付这一方面的问题时就能得心应手。特别是一些技术和管理方面的工作，非要有丰富的经验不可。品烟大师拿着香烟一看一吸，就知道它的产地和等级；老农抓起一把土捏一捏，就知道它适宜种什么庄稼；老工人一听运转的声音，就知道机器在什么地方出了什么毛病；老司机比新司机能更好地应付各种路况；老会计比新会计能更熟练地处理复杂的账目。正因为如此，在各类招聘广告上，经常要注明"三年以上实际工作经验"之类的话。

据说在哥伦布率队出发，横越大西洋的航程中，船上有许多经验丰富的老水手。一天傍晚，一位船员看见一群鹦鹉朝东南方向飞，便高兴地说，我们快到陆地了！因为鹦鹉是要飞到陆地上过夜的。于是，哥伦布指挥船队追踪鹦鹉的方向，终于很快发现了美洲大陆。

考察经验与创新思维之间的关系，一方面，随着时间的推移，我们的经验具有不断增长，不断更新的特点，从而有可能使我们看到经验自身的相对性，经过经验之间的比较而发现其局限性，进而开阔眼界，增强见识，使人们的创新思维能力得以提高。在有些场合，经验本身就意味着创新。另一方面，经验又是相对稳定的东西，因而又可能导致人们对经验的过分依赖乃至崇拜，从而形成固定的思维模式，结果就会削弱人们头脑的想象力，造成创新思维能力下降，这就是经验思维定势。

例如，"邓克尔蜡烛"的智力测试题。

给你一根普通蜡烛、半纸盒图钉、一张说明书，要求你在尽短的时间内，把这根蜡烛安放在垂直的木板墙上。

这个题目的答案有许多种，其中最简单的一种是：首先把图钉盒钉在木板墙上，然后再把蜡烛放在图钉盒上。但是在实际测试过程中，许多人思索很久也没有得到答案。其中最主要的原因，就是根据他以往的经验，把图钉盒只看作装图钉的东西，而没想到它还能另有他用。换句话说，把图钉盒用作蜡烛托，超出了他的经验范围。

二、经验定势的形成

经验定势是在生活与工作实践中形成的。例如，做以下几道题来分析。

问：（1）由两个阿拉伯数字"1"组成最大数是多少？

大家很快能回答"11"。

（2）由三个"1"组成的最大数是多少？

人们也能很快得到答案"111"

（3）由四个"1"组成的最大数是多少？

很多人会脱口而出"1111"。

可这个答案正确吗？

回答是否定的。第三题的正确答案应该是"11^{11}"而不是"1111"。在实际测试中，常常发现，单独提出第三个问题时的回答正确率比同时提出三个问题时高。

这是怎么回事？原来大部分测试者在正确回答两个"1"和三个"1"组成的最大的数后，头脑中便形成一种思维模式，并随之用这一模式处理第三个问题。因而很容易就得出了四个"1"组成的数是"1111"这个错误答案。

公布了第三题的答案后，再问"三个'2'组成的最大数是多少"这一问题时，答案的正确率几乎达到了100%。

这说明，在处理完第三题后，人的头脑中又形成了一种新的定式，说得通俗一点就是有了处理这类问题的经验了。

从思维的角度来说，经验具有很大的狭隘性，束缚了思维的广度。从某种意义上说，经验在大多数人那里都是一种框框，是一种指导我们"只能怎样怎样""绝不应怎样怎样"的行动手册。正是因为如此，青年人的"经验少"并不是一种缺点，而是一种优点，是"敢闯敢干"的代名词。

为什么"初生牛犊不怕虎"？初生牛犊没见过老虎，也不知道老虎的厉害。就是说，它对老虎没有任何经验。当牛犊看到老虎的时候，只把老虎看作一个普通的"侵略者"，于是便本能地弓腰低头用角撞。也许老虎会被这种意想不到的抵抗弄得不知所措，落荒而逃。如果换了老牛，情况就不同了。老牛根据自己的"阅历"和"经验"，深知老虎的厉害，知道牛斗不过老虎。于是在遇到老虎后，便吓得失去了抵抗，乖乖地成了老虎的美餐。

三、经验型思维定势的突破

(一) 突破经验时空的狭隘性

任何经验总是在一定的时空范围中产生的，而往往也只适应于一定的时空范围。一旦超出这个范围，这种经验能否有效，就要打一个问号。

这一点对于我们在改革开放中学习和借鉴外国外地的各类经验具有重要的意义。外国或者外地的成功经验，只能说明他们在外国或者外地是成功的，它们在本国或本地能否成功则不一定。日本的企业学习《论语》，结果把企业搞好了，难道我们中国的企业也应该去学《论语》？美国某个企业学《三国演义》，结果掌握了市场主动权，难道由此证明我们的某家企业学了《三国演义》就同样能掌握市场的主动权？显然不一定。

中国古代的晏子曾说："橘生淮南则为橘，生于淮北则为枳。"二者结出的果实相似，但味道就差远了。那是由于"水土"不同的原因。西方也有一句含义相似的谚语："这个人的美味，是那个人的毒药。"由于受到时间和空间的局限，人类经验的有效运用范围，实际上是十分狭窄的。

(二) 突破经验的主体狭隘性

每一个思维主体，不管经验多么丰富，从数量上说总是有限的，他没有经历过的事情总是无穷多的。这样，当他面临自己从没遇到过的事物或者问题的时候，常常会手足无措，如果单凭已有的经验推断，其结果大多是错误的。

请在头脑中想一想以下的问题，你面前有一张纸，很大的正方形普通打字纸，你把它从正中折叠一次，纸的面积减少一半，而厚度则增加一倍。然后，再从正中折叠第二次，纸的面积又减少一半，而厚度又增加一倍。如此连续不断地进行下去，一直折叠 50 次。请问，这叠纸的厚度将达到多少？

如果你以前从来没有想过或计算过类似的问题，那么，你根本无法想象这张纸折叠 50 次之后所达到的令人吃惊的厚度。也许你能够根据日常经验，随便估计一个厚度，比如，像一座摩天大楼那样高，或者像珠穆朗玛峰那样高，等等。但是你的"经验性"估计肯定与真实的答案相距千里之遥。因为在你的生活经验中从来不可能遇到这种情况。

稍懂一些数学的读者能够计算出，一张普通的打字纸折叠 50 次之后，其厚度将是 1 张纸的"2 的 50 次方"倍，也就是说，其厚度将达到 100000 万千米左右，比从地球到太阳整个距离的一半还要多。所以，这张纸无论多么大，多么薄，你都不可能把它折叠

50 次。

从这道测试题中，我们也许应该领悟到：你从未经历过的事物，往往很难对它进行正确的想象。

（三） 注意经验之外的偶然性

个人经验在内容上仅仅抓住了常见的东西，而忽略了少见的、偶然的东西。但是在每一个具体的现实环境中，总会有些平常很少见到的、偶然的东西出现，如果我们仍然用以往的经验来处理，则不可避免地要产生偏差和失误。

也可以说，经验在处理常见现象时得心应手，但是这种常见现象往往会形成框架束缚我们的思维，使我们难以想象"常见"之外的现象。

有一道简单的"动脑筋"题目：某位举重运动员有个弟弟，但是这位弟弟却根本没有哥哥。请问是怎么回事？心理学家曾经拿这道同样的题目，测验了 100 名高中生和 100 名幼儿园的小朋友。结果出乎意料，高中学生答题的思维时间和答错率都超过了幼儿园的小朋友。对此的解释只能是，举重运动员"最常见的"是男性，高中生有这种"经验"，而幼儿园小朋友没有这种"经验"，因而不受它的束缚。

第六节　书本型思维定势的表现与突破

一、书本型思维定势的表现

书本是一种理论化系统化的知识，是千百年人类经验和体悟的结晶。应该说，书本是人类最伟大的发明，有了书本，前一代人能够很方便地把自己的观念、知识和价值体系传递给下一代人。使得下一代人能够从一开始就站在前人的肩膀上，而不必每件事情都从零开始。

这是人类社会的进化以加速度进行的原因所在，是人类优越于其他动物的主要之点。父辈动物们一生积累的知识和技能随着个体的死亡而完全消逝，子孙辈们一切都要从头学起。假设一下，某一只野狼，掌握了它的前辈们对付猎人的所有手段，那将会发生什么事情？幸好，这只是假设！

书本对人类所起的积极作用是显而易见的，在一般情况下。如果"读书破万卷"，往往就能做到做事"如有神"。

不过，由于书本知识反映的是一般性的东西，表示的是理想化状态，与客观现实之间往往存在着较大的差异。在处理问题时，如果忽视这种差距，不视实际情况，不加思考地盲目运用书本知识，一切从书本出发，以书本为纲，那么书本知识在为我们带来无穷好处的同时，也会招来一些麻烦。其根本原因在于：书本知识与客观现实之间存在着一段距离，二者并不完全吻合。

例如，战国时期，赵国有位名将赵奢，赵奢有个儿子叫赵括。赵括从小熟读兵书，谈起用兵之道，能够滔滔不绝，连他的父亲也对答不上来。后来，秦国进攻赵国，两军在长平对阵数年。赵王因听信流言，撤回廉颇，任用赵括为大将。结果，秦军偷袭赵营，截断粮道。赵军 45 万人马被围歼，赵括也遭乱箭射死。

成语"纸上谈兵"说的就是这位赵括。如此看来，白纸黑字的兵书，与刀光剑影的战场并不是同一回事。任凭你"读书破万卷"，不见得做事"如有神"，弄得不好，读书越多反而创新能力越差。

由此看来，知识与创新能力之间实际上是一对矛盾。二者既有统一的一面，也有对立的一面。二者关系的对立的一面表现在，知识增多创新能力不一定就会相应提高，二者并不是必然同步发展，更不具有量的正比例关系。因为创新是在已有知识的基础上要有所突破，有所开拓，如果只是局限在已有知识的范围之内推演知识，那是难以创新的。

二、书本型思维定势的突破

（一）知识并非力量

人们常说："知识就是力量"。这句话实际上说得并不确切。正确的说，知识的运用才是力量。我满脑子都是知识，但是这些知识一直藏在我的脑子里，从来都没有把它运用出来，这样的知识有什么作用？会产生什么力量？如果我获得了一些知识，哪怕是很少的可怜的一些知识，但我把这些知识正确地运用到社会实践当中，这种知识才会产生出力量，才会对社会和他人产生影响。

在"知识经济"发展的今天，这一点显得尤其重要。"知识经济"时代的知识，主要的不是指知识的储存，而是指知识的运用。"知识经济"时代的英雄，并不是说，他们的知识比别人都多，而是说，他们能够正确地把自己已有的知识运用到现实生活中来。

比如，雅虎 CEO 杨致远。当他还是耶鲁大学的学生时，关于浏览器的知识并不是最多的，但他却能够敏锐地发现因特网上的问题，即时编出一种搜索软件，从而获得了极大的社会效益。单单就编软件的技术来说，杨致远在当时并不是知识最丰富的，至少，他的老师要比他的知识丰富得多，但是，杨致远把他的知识运用出来了，在实际生活中产生了巨大的效益，成为一种强大的改造社会的力量。

一些读书少，知识不多，学历不高的人，只要善于运用创新思维，同样也能做出创造发明。

例如，一次，正在研制电灯泡的爱迪生想知道灯泡的体积，便让从大学数学专业毕业的助手阿普顿去测量。阿普顿听到爱迪生要求他测量灯泡的体积，便又是测量灯泡的直径，又是测量灯泡的周长，然后列出公式进行计算。由于灯泡不是球形，计算起来十分复杂，算了密密麻麻几张纸，仍没有结果。

过了一小时左右，爱迪生催问结果，阿普顿还没算好。爱迪生一看，他算得太复杂了。便拿起灯泡，沉在水里，让灯泡灌满了水，然后再把灯泡里的水倒在量筒中，看完量筒读数，便轻而易举地测出了灯泡的体积。

阿普顿是大学数学系毕业，学历不可谓不高，可在碰到"测量灯泡体积"这一并未超过他本专业范围的问题时，却还不如念了三个月小学的爱迪生。

所以，我们对待各种知识和事物应该强调从实用的角度来观察和理解它。这是现代社会中一个突出的特点。

（二）不要为读书所累

从人的读书经历来说，大约总要经过几个阶段才能悟出其中的道理。初读书时，常常容易"尽信书"，对书本敬佩得五体投地；后来读书多了，开动脑筋，做些比较，发现书与书之间、书与现实之间存在着不吻合，便会与辛弃疾产生同感："近来始觉古人书，信着全无是处。"最后才有可能达到"读书而不为书所累"的境界，彻底破除书本型思维枷锁。

有位年轻人想学禅，找到一位著名的禅师，禅师开导他很长时间，年轻人找不到入门的路径。于是，禅师端起茶壶，朝年轻人面前的碗里倒茶。茶碗已经斟满，禅师还在不住地倒。年轻人终于忍不住，提醒说："师父，别倒了！茶碗已经装不下了。"

禅师这才停住手，慢悠悠地说：

"是啊，装不下了。你也是这样，要想学到禅的奥妙，就必须把头脑腾空，把充塞其中的幻想和杂念清除出去。"

听了此言，年轻人当下大悟。

美国汽车大王福特，只受过很少的正规教育，也没有读过多少书。在第一次世界大战期间，芝加哥的一家报纸在一篇社论中说福特是"无知的和平主义者"，福特得知后很生气，向法庭控告该报恶意诽谤。

在开庭审理的时候，报社的律师向福特提出了许多"常识性"的问题，以此来证明福特是一个"无知的人"。律师的问题大多是书本上的，对于受过正规学校教育的人来说，也确实是"常识性问题"，比如：

"本尼迪特·阿诺德是何许人?"

"英国 1776 年派了多少军队来美洲镇压叛乱?"等等。

福特对这些问题有些不耐烦，他气愤地对报社的律师说："请让我来提醒你，在我的办公桌上有一排按钮，只要我按下某个按钮，就能把我所需要的助手招来，他能够回答我企业的任何问题。至于我企业外的问题我要想知道，也可以用同样的方法获得。既然我周围的人能够提供我所需要的任何知识，难道仅仅为了在法庭上能回答出你的提问，我就应该满脑子都塞满那些东西吗?"

反过来设想一下，如果福特的脑子里"塞满"了所谓的"常识性"的内容，他大概就不会成为"汽车大王"了。人的大脑不可能塞进太多的与自己目标不相符的东西。在某些时候，为了接受新观念，或者为了激发新创新能力，还需要我们把某些知识强烈地"忘掉"，就是说，努力摆脱已有知识的束缚。

(三) 逆向思维考虑问题

一般情况下，所受的正规教育越多，一个人的专业知识也就越丰富。但是，从创新思维的角度来说，他的思维受到束缚的可能性就越大。为了解决这个问题，阻止"书本定势"的形成，人们通常有多种方法可以选择。一种是辩证思维方法，像苏格拉底，"知道自己的无知"，以辩论的方式，从对立面揭示知识的相对性以及知识与现实的差距。

还有一种较为奇特的方法，是在 20 世纪 70 年代出现的，有位美国教育家在旧金山开办了一所性质奇特的学校，名为"逆向教育学院"，其中采取某些与传统教育相反的方法，借以"降低"（而不是提高）学历资格过高者的专业水平。据说，一名博士在这所学院里学习过后，会认为自己的水平只相当于一名硕士；而一名硕士经过这里的学习过后，会认为自己的水平只相当于一名学士。这样就使得高学历者在找工作时比较容易一些。

同样，国外有些专业化的公司，经常聘请一些兼职的"创新提供员"，为本公司的产品和发展提供创新的构想。这些"创新提供员"一定是本产品专业以外的人员，也没什么特殊的技能，他们只是从一个普通人的眼光看问题，而丝毫不受专业知识的约束。

比如，日本的奥野染料用品公司聘请了好几名普通的家庭妇女作为"创新提供员"，每月付给较高的酬金。这些家庭妇女对染料用品的设计和制造过程一无所知，但是她们能够从一个外行人和消费者的角度提出许多意想不到的好建议。

第七节　自我中心型思维定势的表现及突破

一、什么是自我中心型思维定势

每一个人都带有自己独特的经历、独特的经验、独特的个性，以及许许多多独特的价值观念。世界上没有两片完全相同的树叶，同样，世界上也没有两个完全相同的人。

在日常思维活动中，人们自觉或不自觉地按照自己的观念、站在自己的立场、用自己的眼光去思考别人乃至整个世界，由此，产生了自我中心型的思维定势。

在这种思维定势的束缚下，个人的思考以自己为中心，一个团体的思考也习惯性地以本团体为中心，一个国家或民族的人则习惯以本国本民族为中心，而整个人类同样也跳不出"人类中心主义"的小圈子。

据说，美军 1910 年的一次部队的命令传递是下面这样的。

营长对值班军官说："明晚大约 8 点钟左右，哈雷彗星将可能在这个地区看到，这种彗星每隔 76 年才能看见一次。命令所有士兵身着野战服在操场上集合，我将向他们解释这一罕见的现象。如果下雨的话，就在礼堂集合，我为他们放一部有关彗星的影片。"

值班军官对连长说："根据营长的命令，明晚 8 点哈雷彗星将在操场上空出现。如果下雨的话，就让士兵穿着野战服列队前往礼堂，这一罕见现象将在那里出现。"

连长对排长："根据营长的命令，明晚 8 点，非凡的哈雷彗星将身穿野战服在礼堂中出现。如果操场上下雨，营长将下达另一命令，这种命令每隔 76 年才会出现一次。"

排长对班长："明晚 8 点，营长将带着哈雷彗星在礼堂中出现，这是每隔 76 年才有的事。如果下雨的话，营长将命令彗星穿上野战服到操场上去。"

班长对士兵："在明晚 8 点下雨的时候，著名的 76 岁哈雷将军在营长的陪同下身着野战服，开着他那'慧星'牌汽车，经过操场前往礼堂。"

二、自我中心型思维定势的突破

（一）宽容对待别人，严格要求自己

你所喜欢的东西，别人不一定喜欢，你所讨厌的东西，别人却不一定讨厌。如果我们总是习惯用自己的标准去衡量别人，那就会发生许许多多的误解，偏差、冲突和矛盾。

因为每一个人都有自己的独特之处，所以，我们要求自己所采用的标准，与要求别人所采用的标准，不可能完全一样。每一个人，应该用合适的标准来要求自己，而不应该用这种标准去要求别人。因为这种标准在你看来是合适的，是一种君子式的做法，但是在别人看来却并不一定如此。

如果我们总是用严格的尺度去要求别人，那么我们就会感到别人不符合这个尺度，就会产生埋怨、愤恨的心理，总是看到别人的缺陷和不足之处，久而久之，你就没办法与周围的人和谐相处。

另一方面，如果我们用宽松的尺度来要求自己，我们过分地放松自己，同样地也会引起周围人的不满，因而，也无法与周围的人和谐相处，只有要求自己更加严格，要求别人更加宽松，才能使自己与别人相处得更融洽。

（二）多站在他人的角度思考问题

站在他人的角度去思考问题，可能就多一分理解，能够跳出"自我中心枷锁"，知道自我之外的许多观念和事物。

一个人参与别人的思维和思想的能力称为"同理心"①。在听取别人的意见时，"同理心"表示以一种理解对方的感情态度，去倾听他人的意见。它表示你必须去了解说话者的各种感觉，包括他对你的感觉。当你批评人时，"同理心"表示你能够以开放的心胸去理解对方的立场和想法，正如当你听到有人说"我不喜欢×××"时，你不会想去反驳他一样，硬要去改变别人对你的感觉，也是一件不必要的事。

别人批评你的时候，你正可以趁这个机会多听听对方对你的看法，而不必大叫："你根本不知道自己在说什么，我不是那样的人！"如果你能设身处地为对方着想，你就可能和他有同感。借着倾听别人对你的批评，你可以知道在对方眼中你是一个什么样的人，即使别人对你的批评是错的，有时候你也可以从这些线索中进一步去了解对方的想法。

（三）承认错误重塑自我

每个人都会犯错误，即使傻瓜也会为自己的错误辩护。但能承认自己的错误，却可以化解矛盾，给人以尊贵高尚的感觉。这里就需要从思维上跳出自我，换个角度看问题。

著名演说家卡耐基有一次在电台发表演说，谈论《小妇人》的作者路易莎·梅·奥尔科特女士。由于不小心，他两次把这位作者的故居康科特镇说成在新罕布什尔州，而正确的是在相邻的马萨诸塞州。结果，卡耐基的错误遭到不少来信来电的批评指责。一位从小

---

① 同理心亦译为"设身处地理解""感情移入""神入""共感""共情"。泛指心理换位，将心比心亦即设身处地地对他人的情绪和情感的认知性的觉知、把握与理解。

在康科特长大的女士，写来一封愤怒加辱骂性的信。卡耐基几乎被激怒，他觉得自己虽然在地理上犯了一个错误，但那位女士在普通礼节上犯了更大错误。

但是卡耐基克制了自己准备回击的冲动，他知道相互指责和争论是毫无意义的。自己错了，就应该主动迅速地承认，这才是最好的策略。于是他在广播里向听众认错抱歉，还特意给那位侮辱他的女士打电话，向他承认错误，并表示抱歉。

结果那位女士反而为自己写那封发泄愤怒的信感到惭愧。她说："卡耐基先生，你一定是个大好人，我很乐意和你交朋友。"卡耐基承认错误的策略，化干戈为玉帛，将一个愤怒的人变成一个和善的朋友。卡耐基认为，任何人都可能会犯错误，如果我们错了，自己主动承认，不是比让别人来指责批评更好受吗？而且，一个人有勇气承认自己的错误，还可以获得某种程度的满足感。

第七章
大学生的创新思维技法

古人曾说："事必有法，然后可成。"创新思维技法是人们在大量的创新活动中运用的具有普遍规律的技巧与方法。创新思维技法将创新能力开发具体化，直接影响人们的创新活动与创新能力。创新思维技法是运用创新思维的原理，总结创新主体从事创新活动的实践经验，用以开拓创新思维空间、开阔创新思路、指导创新过程，提高创新能力、促成创新成果的各种具体方法、技巧的总称。

创新思维技法是创新思维理论体系中独具特色的方法论体系。从 20 世纪 30 年代初美国学者 R. 克劳福德发明"特性列举法"为开端，以创造学的奠基人 A. F. 奥斯本发明"智力激励法"为标志，发展到今天，已有上百种创新思维技法。

第一节 大学生创新思维技法的来源

一、来自正确的世界观

有什么样的世界观，就有什么样的方法论。世界观是人们对自然界和人类社会的总的看法，是人的一切思想和行为的出发点。因此，它必然决定着人们的方法论，决定着一个人在做一件事情时怎样选择和决定自己的方法。创新思维也不例外。英国唯物主义和整个现代实验科学的真正始祖、《新工具》一书的作者弗朗西斯·培根，正因为坚持唯物主义的反映论，坚决批判封建教会经院哲学的唯心论的先验论，他才能提出"知识就是力量"的观点，才能写出《新工具》这部近代科学方法论的奠基性著作。所以，正确的世界观是产生正确的创新方法的决定因素，我们在创新活动中，必须自觉坚持唯物辩证法。

二、来自科学理论

数千年来人类智慧的发展，为我们创立了难以计数的创新方法，建立了许许多多关于创新方法的科学理论。这些科学理论是经过了实践的检验，被证明是正确的、带有一般性的规律，也是我们创新活动中启迪思路、改进行动的重要依据和基础。人们在工作和生活中常说："你的做法（想法、提法等）不科学。"就是因为人们自觉的或不自觉的发现，该做法不符合已有的合乎规律的正确方法。在这种情况下，唯一的办法就是抛弃不科学的方法，从现成的科学理论中去寻找正确、科学的创新方法。

数学家杨乐、张广厚在研究函数值分布论两个主要概念的"亏值"和"奇异方向"问题时，起初总是把这两个问题孤立起来研究，因此，在一个时期内无法取得进展。他们不得不停下来，从辩证法中寻找工具。当他们把辩证法中的对立统一规律用来分析亏值和奇异方向问题时，发现亏值是整体性概念，反映函数取值亏损和变化平缓期的情况；而奇异方向是局部性概念，反映函数取值多和变化剧烈的情况。这两个概念是相互统一、相互依赖的。他们根据这种辩证的理解，终于找到了亏值和奇异方向之间的具体联系，求出了亏值数目和奇异方向数目之间关系的公式。

三、来自生活实践

习近平总书记在十九大报告中指出，"世界每时每刻都在发生变化，中国也每时每刻都在发生变化，我们必须在理论上跟上时代，不断认识规律，不断推进理论创新、实践创新、制度创新、文化创新以及其他各方面创新。"在创新活动中，学习前人总结的规律性东西是必要的，否则你就会浪费时间重复前人的劳动和探索。但是，只满足于向前人学习是不够的，因为那样做就无所谓创新和发展，就永远不可能超越前人。

要超过前人，就必须站在前人的肩膀上，善于在实践中发展新的方法。要做到这一点，就必须参与创新实践。参与创新实践，最重要的是把自己作为创新的主体，从动手开始，从自己的生活中寻找新的、更好的创新技法。创新能力较强的人，往往是那些喜欢摆弄实物、经常动脑筋改进或装配出新工具、新设备的人。富有创新精神的人，都会用严谨的眼光审视周围事物，尽力占有第一手资料，他遇到问题就寻根究底，不牵强附会，绝不放过任何疑点和含糊不清的地方，并尝试根据自己的实际经验加以修改。

一般说来，发现一种新的创新技法比创新一种具体实物要困难得多，因此，长期参加实践，不断地探索，这是发现新的创新技法的最基本、最重要的途径。

依据创新思维原理与人们在实践中的总结归纳，下面借鉴并介绍人们最常见的创新思维技法。

第二节　演绎推理法

演绎推理法就是将一般的科学技术原理实际应用到具体创新事物上的创新思维方法。

科学技术原理，是各个科学技术领域中具有普遍意义的基本规律。原理或是从科学研究中得来，或是对一些具体事物经过科学地分析综合而来。原理必须能经得起实践的检验，不然就不能被称为原理了。

现代技术的发展一般依赖于科学技术原理的发展，也就是说先有原理的研究，然后才有以原理为基础发展起来的各种技术和各种具体应用。

当一种新原理出现以后，这种新原理的各种应用都是创新的技术。根据新原理进行新技术或新产品创新的过程，称为新技术的研究或新产品的研制，有时候这一创新过程耗费相当多的人力、财力和相当长的时间，但是一旦成功往往是非常惊人的创新。从一种原理出发可以推演出各种具体的定理或命题。由原理而推出的新技术、新产品、新定理或新命题还可以进一步演绎出更多的更具体的新技术、新产品。

科学巨人爱因斯坦特别推崇演绎推理法，他认为，理论家的第一步工作是建立一些可以用来作为演绎出发点的原理，一旦完成这一步，推理（演绎推理）就一个接着一个，它们往往会显示一些预料不到的关系，远远超出这些原理所依据的实存范围。他还认为，人们观察到什么，取决于他们运用什么样的理论或思想作指导，新的理论能够使人们发现以往看不到的东西。演绎推理是科学研究最重要的方法之一，利用演绎推理法获得科学发现的最有名的例子是化学家门捷列夫从元素周期率演绎出尚未发现的元素及爱因斯坦从相对性原理和光速不变原理演绎推导出狭义相对论。

在技术创新中利用演绎推理法取得成就的例子很多。连续铸钢法是由有色金属连续铸造原理演绎推理而来；浮法制造玻璃是根据液体自由流平的原理演绎而来的；各种液压技术是根据帕斯卡原理演绎推理而来。氟利昂制冷剂的研制就是著名的例子。"氟利昂"是一种无毒、无腐蚀性、不燃的氟化合物，它是当今冷冻机和空调机广泛采用的制冷剂。这种优良的制冷剂是美国通用汽车公司技术人员在 1931 年研制成功的。在这之前人们使用的制冷剂不能使人满意，米奇利发明的目的是寻找新的制冷剂。理论依据是凡是具有稳定挥发性的化合物都可以作为制冷剂。米奇利首先列了一张具有稳定挥发性的有机化合物一览表，表上列有这些有机化合物的沸点、熔点等数据，然后把那时已作制冷剂的化合物圈上红圈，被画上红圈的有氨和二氧化碳等。然后，米奇利又将元素周期表中可以生成稳定性好、挥发性强的化合物的元素也列成一张表，表中的元素有氮、氢、硫、氟。他发现：以前所使用的制冷剂虽然都是由这些元素构成的，但却没有氟的化合物，为什么会这样呢？经研究认为，可能是因为氟元素有毒，也就认为所有的氟化合物也有毒，所以才没被利用。于是米奇利和他的助手们开始这方面的试验，首先合成二氯二氟甲烷，他们知道这种物质的沸点在零下200℃。但是对这种物质的其他性质却不了解，经在老鼠身上进行毒性实验表明并没有毒。进一步试验表明，氟化物是一种极理想的制冷剂。于是通用汽车公司委托美国最大的化学公司——杜邦公司研究氟化物的廉价生产方法，1931年两家公司共同筹建了动力化学公司开始生产氟利昂。

大的发明是这样，小的创新也是如此，钢笔主要是根据毛细管原理演绎而来的，打火机是根据汽油、石油汽燃点比较低的原理演绎而来的等等。

总之，不论创新的大小，任何创新都有一定的原理，而这些原理大都由相关原理演绎而来，同时由本创新原理还可以再演绎出另外的新东西。

应用演绎推理的关键，首先要弄清原理的精神实质和条件限制，然后进行各种逻辑思维和逻辑推理。原理不清不但很难进行演绎和应用，而且按对原理的错误认识进行推理演绎，往往很难取得创新的成果，多以失败而告终。

第三节 头脑风暴法

头脑风暴法出自"头脑风暴"一词。所谓头脑风暴（brain storming）最早是精神病理学上的用语，是针对精神病患者的精神错乱状态而言的，现在转意为无限制的自由联想和讨论，其目的在于产生新观念或激发创新设想。美国著名的创造学奠基人 A. F. 奥斯本先生在20世纪30年代，把"头脑风暴"引申为一种创新思维的方法，它作为一种智力激励法，在寻找新观点、新思维时经常用到。头脑风暴法简称 BS 法，又叫智力激励法，这个方法是通过集体进行自由联想获得创新思维方法，属于集思广益，它最能打开创造者想象的大门，为创造性解决问题提供多种新设想。所谓"一人独思，不如二人同想；二人同想，不如三人共议"。

一、激发机理

头脑风暴何以能激发创新思维？根据奥斯本及其他研究者的看法，主要有以下几点。第一，联想反应。联想是产生新观念的基本过程。在集体讨论问题的过程中，每提出一个新的观念，都能引发他人的联想。相继产生一连串的新观念，产生连锁反应，形成新观念堆，为创造性地解决问题提供了更多的可能性。第二，热情感染。在不受任何限制的情况下，集体讨论问题能激发人的热情。人人自由发言、相互影响、相互感染，能形成热潮，突破固有观念的束缚，最大限度地发挥创造性思维能力。第三，竞争意识。在有竞争意识情况下，人人争先恐后，竞相发言，不断地开动思维机器，力求有独到见解，新奇观念。心理学的原理告诉我们，人类有争强好胜心理，在有竞争意识的情况下，人的心理活动效率可增加 50% 或更多。第四，个人欲望。在集体讨论解决问题过程中，个人的欲望自由，不受任何干扰和控制，是非常重要的。头脑风暴法有一条原则，不得批评仓促的发言，甚至不许有任何怀疑的表情、动作、神色。这就能使每个人畅所欲言，提出大量的新观念。

二、要求和原则

1. 组织形式

以智力激励会议的形式进行组织。参加人数一般为 5~10 人（课堂教学也可以班为单位），最好由不同专业或不同岗位者组成。

会议时间控制在 1 小时左右。

设主持人一名，主持人只主持会议，对设想不作评论。设记录员 1~2 人，要求认真将与会者每一设想不论好坏都完整地记录下来。

2. 会议类型

设想开发型：这是为获取大量的设想、为课题寻找多种解题思路而召开的会议，因此，要求参与者善于想象，语言表达能力强。

设想论证型；这是为将众多的设想归纳转换成实用型方案召开的会议，要求与会者善于归纳、善于分析判断。

3. 会前准备工作

会议要明确主题。将会议主题提前通报给与会人员，让与会者有一定准备。

选好主持人。主持人要熟悉并掌握该技法的要点和操作要素，摸清主题现状和发展趋势。

参与者要有一定的训练基础，懂得该会议提倡的原则和方法。

会前可进行柔化训练，即对缺乏创新锻炼者进行打破常规思考、转变思维角度的训练活动，以减少与会者的思维惯性，使其从单调的紧张工作环境中解放出来，以饱满的创造热情投入激励设想活动。

4. 会议原则

为使与会者畅所欲言，互相启发和激励，达到较高效率，必须严格遵守下列原则。

①禁止批评和评论，也不要自谦。对别人提出的任何想法都不能批判、不得阻拦。即使自己认为那些想法是幼稚的、错误的，甚至是荒诞离奇的，亦不得予以驳斥；同时也不允许自我批判，以在心理上调动每一个与会者的积极性，彻底防止出现一些"扼杀性语句"和"自我扼杀语句"。禁止在会议上出现诸如"这根本行不通""你这想法太陈旧了""这是不可能的""这不符合某某定律"以及"我提一个不成熟的看法""我有一个不一定行得通的想法"等语句。只有这样，与会者才可能在充分放松的心境下，在别人设想的激励下，集中全部精力开拓自己的思路。

②目标集中，追求设想数量，越多越好。在智力激励法实施会上，只强制大家提设想，越多越好。会议以谋取设想的数量为目标。

③鼓励巧妙地利用和改善他人的设想。这是激励的关键所在。每个与会者都要从他人的设想中激励自己，从中得到启示，或补充他人的设想，或将他人的若干设想综合起来提出新的设想等。

④与会人员一律平等，各种设想全部记录下来。与会人员，不论是该方面的专家、员工，还是其他领域的学者，以及该领域的外行，一律平等；各种设想，不论大小，甚至是最荒诞的设想，记录人员也要求认真地将其完整地记录下来。

⑤主张独立思考，不允许私下交谈，以免干扰别人的思维。

⑥提倡自由发言，畅所欲言，任意思考。会议提倡自由奔放、随便思考、任意想象、尽量发挥，主意越新、越怪越好，因为它能启发人推导出好的观念。

⑦不强调个人的成绩，应以小组的整体利益为重，注意和理解别人的贡献，人人创造民主环境，不以多数人的意见阻碍个人新的观点的产生，激发个人追求更多更好的主意。

5. 会议实施步骤

会前准备：参与人、主持人和课题任务三落实，必要时可进行柔性训练。

设想开发：由主持人公布会议主题并介绍与主题相关的参考情况；与会者应突破思维惯性，大胆进行联想；主持人控制好时间，力争在有限的时间内获得尽可能多的创意性设想。

设想的分类与整理：一般分为实用型和幻想型两类。前者是指目前技术工艺可以实现的设想，后者指目前的技术工艺还不能完成的设想。

完善实用型设想：对实用型设想，再用头脑风暴法论证，进行二次开发，进一步扩大设想的实现范围。

幻想型设想再开发：对幻想型设想，再用头脑风暴法进行开发，通过进一步开发，就有可能将创意的萌芽转化为成熟的实用型设想。这是头脑风暴法的一个关键步骤，也是该方法质量高低的明显标志。

6. 主持人技巧

主持人应懂得各种创新思维技法，会前要向与会者重申会议应严守的原则和纪律，善于激发成员思考，使场面既轻松活跃而又不违反头脑风暴法的规则。

可轮流发言，每轮每人简明扼要地说清楚一个创意设想，避免形成辩论会，避免发言不均。

要以赏识激励的词句语气和微笑点头的行为语言，鼓励与会者多提出设想，多用："对，就是这样！""太棒了！""好主意！这一点对开阔思路很有好处！"等语句。

禁止使用下面的话语："这点别人已说过了！""实际情况会怎样呢？""请解释一下你的意思。""就这一点有用。""我不赞赏那种观点。"等等。

经常强调设想的数量，比如平均3分钟内要发表10个设想。

遇到人人皆才穷计尽出现暂时停滞时，可采取一些措施，如休息几分钟，自选休息方法，散步、唱歌、喝水等，再进行几轮头脑风暴。或发给每人一张与问题无关的图画，要求讲出从图画中所获得的灵感。

根据课题和实际情况需要，引导大家掀起一次又一次头脑风暴的"激波"。如课题是某产品的进一步开发，可以从产品改进配方思考作为第一激波、从降低成本思考作为第二激波、从扩大销售思考作为第三激波等。又如，在讨论某一问题解决方案时，可引导大家掀起"设想开发"的激波，及时抓住"拐点"，适时引导大家进入"设想论证"的激波。

要掌握好时间，会议持续1小时左右，形成的设想应不少于100种。但最好的设想往往是会议要结束时提出的，因此，预定结束的时间到了可以根据情况再延长5分钟，这是人们容易提出好的设想的最佳时间。在1分钟时间里若再没有新主意、新观点出现时，智力激励会议可宣布结束或告一段落。

三、在课堂教学中的运用

教师在课堂上组织智力激励训练时，可用一些技巧激发学生思考。

"停止—继续"法。提出问题后，先让学生思考三到五分钟，给出沉默思考、酝酿答案的时间，使学生不至于太紧张，能够从容不迫地想象，思考。

"一个接一个"法。教师可任意指定一个人提出构想，接着往后轮流提出构想。如果有人当时没有设想，可跳到下一个人，如此一个接一个，一圈接一圈进行下去，会产生很多创意。

"分组讨论"法。将学生分成若干小组，各组有主持人、记录员各一人。各小组针对问题分开讨论，最后，每组派代表提出各组讨论的结果。

"分组比赛"法。将全班分成若干小组，每一组选一位记录员，在黑板上划出各组记录的位置。然后宣布比赛开始，各组的记录员在黑板上记录该组成员提出的构想……。这种比赛往往会有很多好的构想出现。

四、派生类型

1. 默写式头脑风暴法（六五三法）

头脑风暴法传入德国以后，德国的创造学家根据德意志民族善于沉思的性格特征，对头脑风暴法进行了改良，创造了默写式头脑风暴法。

默写式头脑风暴法采用了书面提出设想的形式来开展。每次会议由 6 个人参加，针对会议议题，要求每人在 5 分钟内提出 3 个创新设想并写在各自的纸上，故又称六五三法。开展默写式头脑风暴法，6 个人围坐成圆圈，先由主持人解释议题要求及智力激励的基本原则，与会者不必发言，按要求自由畅想。当第一个 5 分钟结束后，大家同时把写了 3 条设想的纸递给右邻的与会者，接过左邻与会者递来的设想纸，在别人的设想中得到新的启发，在第二个 5 分钟内再写下 3 个新设想。然后，再递给右邻的与会者。如此巡回作业，半小时可传递 6 次，共产生 108 个设想。

默写式头脑风暴法比较适合于我国的创造活动，经各地的运用实践表明，通过灵活的修改运用，其效果好于会议头脑风暴法。

2. 卡片式头脑风暴法

卡片式头脑风暴法是日本对头脑风暴法的新发展。针对一定的会议议题，与会者先以书面的形式在规定时间内写下规定数量的设想（如 5 条以上），一张卡片只写一条设想。然后，在与会者依次宣读设想时，如果自己发生了"思维共振"而产生了新的设想，则应立即填写在备用卡片上，待大家发言完毕，将所有的卡片集中，并按内容进行分类，便于开展集中思维阶段的讨论，最后挑选出最佳方案。

卡片式头脑风暴法把书面发言与口头发言的优点结合起来，有利于分类整理。

3. 反头脑风暴法

反头脑风暴法与头脑风暴法的基本原则相反，要求与会者对别人提出的构想百般挑剔，而构想者也据理力争，从而使构想更加成熟与完善。反头脑风暴法一般不是用在最初的发展思维阶段，通常是在第一轮的集中思维之后，对初选的构想做进一步的讨论时用，而且应宣布故意挑剔的原则，强调对事不对人，最后的成果仍归集体所有。

第四节　移植创新思维法

移植创新思维法是指将某一领域中的原理、方法、结构、材料、用途等移植到另一个领域中去，从而产生新思想、新观念的方法。移植是创新思维法中最简单、有效的思维方法之一，也是应用研究中使用最多的方法之一。移植创新思维法应用的核心思想是"移花接木"，最重要的是要找到移植对象，应用的出发点有两个：一是用于技术扩散，当一种技术特别是突破性技术出现后，往往会逐渐向其他领域扩散，这时所应用的思维方法就是移植法；二是用于解决问题，当对于某种研究对象的结构、功能、原理或机制不甚清晰而又缺乏解决办法或手段时，也可以通过联想、类比等思维方法去寻找可应用的办法或手段，并把它移植到所研究的问题中去。

一、移植创新思维法步骤

1. 确定被移植的对象

选择一个大家都比较熟悉的对象进行移植创新思维，移植创新思维的这一对象最好由参加人共同提出。

2. 定准移植的起点

从选择的被移植对象中，提出移植的起点。一个对象可以有这样或那样的移植起点，可以逐一列出，然后，经参加人协商或讨论确定一个大多数人都积极参与的移植起点。

3. 明确移植的功能

根据移植起点，明确移植功能。

4. 寻找植入的对象

以移植功能为方向，联想各种植入对象，看看哪种植入对象具有与移植功能同样的功能。

5. 选择植入对象

寻找到的植入对象越多越好，以便从中择优采用。挑选目标是：

植入对象必须具有与移植功能同样的功能；

植入对象在这一移植联想的事物上还没有应用过；

植入对象比较容易在移植联想的事物上"安家落户"；

植入对象替代移植联想的起点后，能产生一定的效益，起码是有意义的。

6. 分析移植思维的结果

选择出来的移植对象就是移植思维的结果，对移植思维的结果要进行移植分析。分析的重点是移植的可行性。

二、移植创新思维的内容

1. 方法移植

方法移植是将一个学科的研究方法移植到另一个学科中去，创造出新的交叉学科或新的解决问题的方法。方法移植应用较广，除了研究方法的移植外，还有工作方法的移植、学习方法的移植、加工工艺方法的移植、思想方法的移植、行为习惯的移植和训练方法的移植等。

如何将设想变成实物，或将创新成果付诸实施，就要研究它的制作方法或操作方法，不妨将别的学科的方法拿来试试，或许会使你很快获得创新设想。例如，面团经过发酵，进入烤箱烘烤后，面团内部产生大量气体，使体积膨胀，变成松软可口的面包。这种可使物体体积增大，比重减轻的发酵方法，移植到塑料生产中，便发明了价廉物美的泡沫塑料。这种塑料质地轻，防震性能好，可以作为易碎品或贵重物品的包装材料，也可以用来制作救生衣等。发酵方法用在水泥生产上，生产出了经过膨胀后的水泥制品，不仅体积大，质地轻，而且还有隔热、隔音等功能。发酵方法用在金属材料上，德国制造出了泡沫金属，可以填充工艺构件中的空隙，还可以悬浮在水上，有很大的开发价值。

在创新或发明的活动中，方法移植也不能随意，应用的关键在于"移植"，必须认识方法移植的特点和规律。有三点必须注意：相容性，即移植体和被移植体之间有相容性，不产生"排异"现象；相通性，即能把它们连接成一个整体；优化性，移植是为了追求优化和高效，这是它明显的特点。

2. 原理移植

原理移植就是将已有的某产品或学科的原理移植到别的产品或学科中。这种移植不是照搬，而是移植其核心部分，再根据本学科的特点建立辅助部分，形成一个完整的新的产品或方法。

例如，量子化学就是将量子力学中的基本原理、基本关系等核心部分移植到化学中，再根据化学反应过程的具体条件，建立起辅助理论，并对量子力学的核心部分在化学领域的应用进行辨析，才完成了量子化学的理论体系。

原理移植法还可以创造新的产品或扩大原有产品的使用价值。例如，人们利用蝙蝠回声定位原理，在医学上用超声波来检查疾病，在渔船上用超声波来发现鱼群，在远洋轮上应用超声波探寻海面下有无暗礁等障碍物。

3. 材料移植

材料移植是指将某种产品使用的材料移植到别的产品制作上，以起到更新产品、改变性能、节约材料、降低成本的目的。

例如，洗衣机的外壳原来用钢板制作，容易发生触电事故，且易锈蚀，现在改用硬塑料外壳，提高了综合性能。又如，我们知道的，玻璃可以制作器皿、桌面和门窗，但是保加利亚的科学家竟然用玻璃来造桥；还有的国家还制造出了玻璃质的小提琴、大小黑管及小号等乐器，据说，它们音质优美，外观晶莹华贵。

4. 结构移植

结构移植是把动物、植物或物品的良好形状移植到其他学科中形成的创新思维。例如，人们模仿动物骨骼结构，进行桥梁设计，于是创造出平直桥、吊桥、悬臂桥等许多新颖桥梁，这就是属于"结构移植"法。

一些河堤为防河水冲刷或龟裂而塌方，设计了网格状水泥坡面，在其间填石种草，有效地保护了河堤；有的公路旁边的隔音墙，也是采用网格状主体墙，其间夹杂有茂盛的草。这种"网格+草"的结构，有利于防沙、防噪音。应用结构移植法，一要广泛研究各种物品的结构，开发其应用领域，进行创新思维。二要从解决的问题出发，寻求合理的结构，实施结构移植，解决实际问题，实现创新。

第五节　列举创新思维法

列举创新思维法是以列举的方式把问题展开，用强制性的分析寻找创新的途径和目标。列举创新思维法的主要作用是为了帮助人们克服感知不足的困难，迫使人们带着一种新奇感将问题的细节统统列举出来，并试着用别的东西替代；迫使人们时时处处想到具体目的和指标。这样，在创新的道路上就好像撒下了天罗地网，比较容易从中捕捉到所需要的目标。该法有以下三种类型。

一、特性列举法

特性列举法就是通过对研究对象特征的详细分析（即将特征逐一列出），而后探索能否改进、创新的思维方法。一般说来，要着手解决或改进的问题越小越容易获得成功。例如，要改进自行车，即便是采用智力激励法，也难得有全新的设想，原因是它涉及面太广，很难一下子把握住。如果将自行车分解成若干部分（如车胎、钢圈、钢丝、轴承、链条、齿轮、车身、把手、刹车等）予以分别研究，相对说来就比较容易产生新的设想。特性列举法的一般过程如下。

第一步，选择一个比较明确的课题，课题宜小不宜大，如果课题较大，则应该分解成若干小课题分别进行。课题选定后，先列举出想要革新对象的特征。一般包括如下三个方面。

名词特征：性质、材料、整体、部分、制造方法等。

形容词特征：颜色、形状、大小等。

动词特征：有关机能及作用的性质，特别是那些使事物具有存在意义的功能。

例如，要改进一只烧水用的水壶，初看起来这种水壶已经很好了，想不出还可以有什么改良的地方，这时可按照特性列举法将水壶的特征分别列出。

①名词特征。

整体：水壶。

部分：壶口、壶柄、壶盖、壶身、壶底、蒸汽孔。

材料：铝、铁皮、铜皮、搪瓷等。

制造方法：冲压、焊接。

②形容词特征。

颜色：黄色、白色、灰色。

重量：轻、重。

形状：方、圆、椭圆、大小、高低。

③动词特征。

装水、烧水、倒水、保温等。

第二步，从各个特征出发，通过提问诱发用于革新的创新性设想。也可再用智力激励法产生更多的创新性设想。比如，通过名词特征可提出：壶口是否太长；壶柄能否改用塑胶；壶盖能否用冲膜压出以免焊接的麻烦；怎样使焊接处更牢固；除了上述材料外，是否还有更廉价的材料；冒出的蒸汽太烫手、蒸汽孔能否放到别处等问题。现有的一种鸣笛壶，就是通过这一思路改革成功的，这种壶的蒸汽孔设在壶口，水烧开后自动鸣笛，壶盖上无孔，提壶时不会烫手。当然，如果从形容词上下工夫，也会有创新的设想：怎样使造型更美观；怎样使壶的重量减轻；在什么情况下、多大型号的壶烧水最合适等。如果在动词上多想主意，如怎样倒水方便，怎样烧水节省能源等，同样也有可能开辟创新的思路，产生好的设想。

二、希望点列举法

希望点列举法是指通过提出对产品的希望和理想的产品作为创新的出发点，从中寻找创新的目标和可能性的一种思维方法。希望点列举法的步骤如下：

第一，决定主题；

第二，列举主题的希望点；

第三，选出所列举的主要希望点；

第四，根据选出的希望点来思考改进、实现创新。

希望点列举法是一个重要的创新思维方法。人们对未来的追求和憧憬，往往是创新思维的强大动力。这种思维方法就是把人们对某个事物的要求，如"希望……""如果是那样就好了"之类的想法列举出来，聚合成焦点来加以思考，并在对这些希望点的思维过程中产生新的观念和想法，从而进行创新。实践证明，希望点列举法是一个重要的、收效极佳的创新思维方法。

日本的圆珠笔制造公司曾一度纷纷倒闭，制造商中田君也陷入了困境，他希望生产一种新型的笔来摆脱困境，希望这种圆珠笔能达到这样的要求：

——圆珠笔不漏油；

——圆珠虽磨损变小，但不至于立刻脱落；

——墨水在纸上不洇；

——双色；

——可用于复写纸复写。

从希望点出发，他设计了一种铅笔圆珠笔，兼有双色圆珠笔及铅笔三种笔的特性，推向市场后，大受欢迎。

现在市场上许多新产品都是根据人们的"希望"研制出来的。从更广义来说，古今中外的许多重大发明创造，也都是根据人们的"希望"，经过努力而变为现实的。人们希望上天，就发明了气球和飞机；人们希望夜如白昼，就发明了电灯；人们希望冬暖夏凉，就发明了空调机；人们希望快速计算，就发明了计算机等。

三、缺点列举法

人们常常有一种惰性，对于看惯了的、用惯了的东西，往往很难发现它的缺点，也很少去找它的缺点，因而，无形中便会"凑合""将就"、维持现状，甚至用"理所当然""本该如此"的观点对待它，这就使人容易安于现状，丧失了创新的欲望和机会。缺点列举法就是积极地寻找并抓住产品的不方便、不美观、不实用、不省料、不轻巧、不便宜、不安全、不省力等，各种缺点、问题和不足之处，以确定创新目标的一种创新思维方法。

使用缺点列举法并没有严格固定的程序，一般可按下列步骤进行。

第一，确定某一改革、创新的对象。

第二，尽可能列举这一对象的缺点和不足。列举对象的缺点和不足可用智力激励法，也可进行广泛的调研、征求意见等。

第三，将众多的缺点加以归类整理。

第四，对每一缺点进行分析，提出改进或创新的意见，或者是缺点逆用建议。

例如，40 多年前，世界体育运动开始蓬勃发展起来。日本一位名叫鬼冢喜八郎的人很快捕捉到了该信息，他想："要发展体育，运动鞋是不可缺少的。"为了占领这个市场，就必须要生产出优于当时市场上销售的运动鞋。鬼冢喜八郎决定生产运动鞋，由于受资金的限制，不可能研制新的运动鞋。于是，他从改进运动鞋入手。他选择了篮球鞋作为突破口，从市场上买来了各种篮球鞋，专门研究它们的特点，并通过各种渠道拜访许多优秀篮球运动员，请他们挑篮球鞋的毛病以收集现有篮球鞋的缺陷。队员反映："现在球鞋易滑，止步不稳，影响投篮的准确性。"经过反复调查和研究，他发现传统的篮球鞋的确容易打滑，止步不稳，使投篮的准确性大大受损。为了证实这一点，他还亲自试穿各种篮球鞋到球场打球，从中体验，从而证实"打滑"是当时篮球鞋的主要毛病。找到了主要毛病，该如何克服它呢？鬼冢喜八郎冥思苦想，百思不得其解。有一次，他在吃鱿鱼时，忽然发现鱿鱼的触角上长着一个吸盘，他立刻获得了灵感，想到要试制一种带有"吸盘"的篮球鞋。他决定把鞋底从平底改成凹底，这种凹底鞋克服了平底鞋的止步不稳的缺点，投放市场后，大受欢迎。经过反复试验，一种新型的凹底篮球鞋终于问世，当这种球鞋出现在琳琅满目的商店里时，立刻获得运动爱好者的青睐。

鬼冢喜八郎所用的这一创新思维方法就是缺点列举法。

与缺点列举法相关的另一创新思维方法是缺点逆用法。所谓缺点逆用法，就是针对对象事物中已经发现的大量缺点，除了"改进缺点"以外，有时还可反过来考虑如何直接利用某些缺点，做到"变害为利"。如德国某造纸公司有一次在制造书写纸时，因配方有误，书写时纸张渗水，质量低劣，售出后全部被顾客退回。原来配方被一工人搞错，该工人被解雇，心烦中不小心打翻了墨水瓶，便随手用这些废纸揩擦，墨水很快就被吸干了。这个工人由此得到启示：把废纸作为吸水纸出售！结果，"废纸"反而成了一种新产品，受到了用户的欢迎。

第六节　设问创新思维法

创新能力较强的人，都具有提出问题的能力，有时提出一个有价值的问题就等于解决了一半问题。设问创新思维法就是通过解决提出的问题来发现事物的规律，从而进行创新的思维方法。设问创新思维的方法很多，常见的有 5W2H 法、奥斯本检核表法和聪明十二法。

一、5W2H 法

5W2H 法是从七个方面的设问中获得创新方案的一种创新思维方法。它由美国陆军最早提出和使用，因为这七个单词的英文字头是 5 个"W"和 2 个"H"，故得名为 5W2H 法。使用步骤如下。

（1）先要对一种现行的方法或现有的产品，从七个角度检查问题的合理性：为什么（Why）；做什么（What）；何地（Where）；何时（When）；何人（Who）；怎样做（How to）；多少（How much）。

（2）对七个方面提问一一审核，将发现的难点、疑点列出来。

（3）分析研究，寻找改进措施。七个方面经审核无懈可击，说明这一方法或产品可取。如果有不令人满意的方面，表明还应加以改进。如果哪方面有其独到之处，则可扩大其效用。

5W2H 法的七个设问要抓住事物的主要特征，视问题的不同，确定不同的具体内容。

"为什么"可以问：为什么要创新？原事物为什么用这个原理？为什么必须有这些功能？为什么要这样的造型、结构？为什么该物品要这样制造？为什么非做不可，不做怎么不行？

"做什么"可以问：创新的目标是什么？创新的重点是什么？创新的条件是什么？创新欲达到的功能、造型、结构、技术水平是什么？与什么有关系？功能和规范是什么？

"何地"可以问：原事物什么部位要创新？原物品什么部位可以创新？何地做最经济、

最有效？安装在什么地方最适宜？

"何时"可以问：该项创新何时进行最合适？何时可以或应该完成？何时启动？需要几天才算合理？

"何人"可以问：谁来创新？谁能胜任该项创新工作？该创新要与谁打交道？谁被忽略了？谁是决策者？

"怎样做"可以问：怎样做方可减少失败？怎样做才少费料、少费工、少费时、少费钱？怎样做使产品更美观大方、使用起来更方便实用？

"多少"可以问：该项创新要多少人、财、物的投入？第一批创新产品产量多少？该创新的成本、利润多少？能维持多少年？

二、奥斯本检核表法

奥斯本检核表法是美国 A. F. 奥斯本博士提出的针对某种特定要求制定的检核表，主要用于对新产品的研制开发。奥斯本检核表是根据需要解决的问题或者需要创造发明的对象，以提问表格的形式，列出九方面有关的问题，然后逐一审核讨论，以促进创新活动深入进行的一种创新思维方法。其特点是用自制提问表对某一主题进行研究，以防止思考角度的疏漏，更有利于突破旧框框束缚，产生创新方案。此法适合任何类型与场合的创新或创造活动，有"创新技法之母"的美誉。

奥斯本检核表的内容有九个方面，针对某一产品：

（1）可否将产品的形状、制造方法等加以改变？

（2）可否另作他用？

（3）有否其他更佳设想？

（4）改变一下如何？

（5）放大如何？

（6）缩小如何？

（7）用别的替代如何？

（8）反之（反向而行）如何？

（9）某些部分结合起来如何？

把既有事物或产品、设想等待定对象与上表中的项目一一核对，用以启发创新思维。

奥斯本所列举的项目，每一项都有极为丰富的内涵，要全面领会和灵活运用。如第4项"改变一下如何"，项目中只提出了"改变一下"，至于改变什么则包罗万象，原理、功能、材料、方法、形状、颜色、或整体、或部分等，都不妨改变一下。所以，在运用奥斯本检核表时，要充分发挥你的想象力和联想力，越好的发挥想象力和联想力，越能收到巨大的创新思维效果。

目前世界上有许多各具特色的检核目录法，但大都是奥斯本检核表法的演绎，奥斯本检核表法应用范围比较广，行之有效，受到一致的公认。奥斯本检核表法的九条可具体引申如下。

第一，转化：现有的物品能否做其他用？或者稍微改变一下有无其他用途？如卡弗博士想出了300多种利用花生的方法，其中仅用于烹调的就有100多种。关于橡胶的用途，有的公司提出了成千上万种设想，例如：毯子、浴缸、衣夹、鸟笼、扶手、人行道边装饰等等。

第二，引申：有别的东西与这件东西类似吗？是否可以由这个东西想起其他的东西？能否将此东西引入其他东西，或者将别的东西引入此东西？例如圆珠笔引入钢笔中、电脑引入机械就是这种引申的实例。

第三，改变：改变原有的形状、颜色、气味、形式等会有什么效果？还有什么可以改变的？例如电炉是用于烧饭、炒菜的，将它改变成"电热毯"很受人欢迎；有线电话改成无线电话，烧煤机车改为电气机车，用粉笔的黑板改为不用粉笔的磁性板、白板等等。

第四，放大：在这件东西中可以另加些什么东西从而改变其性能？能否扩大其使用范围，增加其功能，添加零部件，增加高度、强度、价值，延长使用寿命？例如，在两块玻璃之间加入某些材料可以制成一种防震、防碎、防弹的新型玻璃；在牙膏中掺入某些药物，可以使牙膏有防治口腔疾病的功效；电脑从发明以来不断增加了中文发电子邮件、传真、可视电话、电视等功能；在制作鞋底的橡胶中加入某些材料，可使鞋底更耐磨。

第五，缩小：在这件东西上减少些，会怎样？变小、浓缩、袖珍化、变低、变短、变轻、省略、分割等会有什么结果？如计算机小型化；袖珍词典、袖珍电脑等产品；折叠伞、浓缩橘汁等也是从这一思路产生出来的。

第六，代替：有没有其他东西可以替代这种东西，或者替代这种东西的某一部分、某种成分、某种过程等？例如人们非常喜欢镀金手表，但黄金价格非常昂贵，数量也少，人们就用别的材料、别的工艺代替镀金，称为仿金电镀，效果很好，几乎能以假乱真；还有以铁代替铜制成铁锅；以塑料代替木材做成凳子等；以光纤代替电缆传输信号；用立体电视仿真技术代替真实汽车供人学开汽车等。

第七，重排：组成这种东西的构件是否可以更换一下顺序？这种东西改变一下模式、布局、序列、日程、计划或改变因果关系，改变速度、时间等会产生什么结果？例如一支篮球队通过重新安排队员的位置可获得成千上万种阵式；商店改变柜台的走向和布局，调剂商品结构，调整营业时间，都能获得较好的效果；很多日用品，特别是衣服和鞋帽，将其组成部分改换一下排列的顺序或改变一下款式即可成为新产品等。

第八，颠倒：可否颠倒反转使用？可否变肯定为否定、变否定为肯定以及位置颠倒、作用颠倒？例如瑞士发明家奥古斯特·皮卡德曾经成功地发明过平流层气球，飞到过15781m 高空，后来他又颠倒过来设想，仍然是用平流层气球的原理，成功地发明了海洋深潜器，在他的深潜器未发明以前，人们一直无法突破深潜 2000 米的大关，而他所发明的深潜器创造了 10916.8 米的记录。

第九，组合：现有的几种东西能否组合在一起？事物组合、原理组合、方案组合、材料组合、形状组合、功能组合。例如车、炮、盾组合成坦克；铅笔和橡皮组合成带橡皮头的铅笔；削笔刀与小瓶组合在一起成了铅笔屑不落地的削笔刀。

三、其他检核目录

1. 美国通用汽车公司检核目录

第一，为了提高工作效率，能不能利用其他适当的机械？

第二，现在使用的设备有无改进的余地？

第三，改变滑板、传动装置、搬运设备的位置或顺序能否改善操作？

第四，为了同时进行各种操作能不能利用某些特殊的工具或夹具？

第五，改变操作顺序能提高零部件的质量吗？

第六，能不能用更便宜的材料代替目前的材料？

第七，改变一下材料的切削方法能不能更经济地利用材料？

第八，能不能使操作更安全些？

第九，能不能除掉无用的形式？

第十，现在的操作能不能更简化？

2. 企业开发新产品所用的检核目录

第一，开发什么产品？

第二，为什么开发此产品？

第三，被用在什么地方？

第四，何时使用？

第五，谁来使用？

第六，起什么作用？

第七，成本多少？

第八，市场规模多大？

第九，竞争形势如何？

第十，生产能力怎样？

第十一，盈利程度如何？

3. 降低成本的检核目录

第一，能否节约原材料？

第二，在生产操作中有没有由于它的存在而带来麻烦？

第三，能否回收和最有效地利用不合格的原料和操作中产生的废品将其变成其他种类有价值的产品？

第四，能否采用标准件？

第五，采用自动化和人力操作相比利弊如何？长远来看又如何？

第六，产品及工艺过程中所用的材料能否用更物美价廉的材料代替？能否把金属换成塑料？

第七，产品设计能否简化？产品工艺要求和结构工艺性是否合理？是否有应该低要求的地方反而高要求了？

第八，生产组织和工艺流程是否合理？能否使生产组织和工艺流程更加简化？

第九，零部件是外加工合适？还是外购合适？还是自制合适？

第十，产品的系列化程度如何？

第十一，当前出现的新技术，本厂产品及其生产过程中能否采用？采用后将如何？

四、聪明十二法

聪明十二法也是创新思维的一种检核表法。因为是上海和田路小学总结出来的 12 个检核项目，所以又称"和田十二法"。其检核内容如下。

第一，加一加。在这件东西上添加些什么或把这件东西与其他什么东西组合在一起，会有什么结果？把这件东西加大、加长、加高、加宽会怎样？这里的"加一加"是为了创新思维而"加一加"。美国商人用 0.2 美元从我国购买一种工艺草帽，添加一条花边帽带，再加上定型，结果在市场上十分畅销，价格也翻了近百倍。

第二，减一减。将原来物品减少、减短、减窄、减轻、减薄……设想能变成什么新东西？将原来的操作减慢、减时、减次、减序……又会有什么效果？人们用"减一减"的方法发明创造了许多新的东西。例如将上衣减去袖子，就成了夹克；一封信件通常由信纸、信封和邮票三件物品组成，用"减一减"的创新思维方法，使三件变成了一件——明信片等。

第三，扩一扩。将原有物品放大、扩展一下，会有什么变化？例如"投影"放大，即为扩一扩得到的效果；有一个中学生雨天与人合用一把雨伞，结果两人都淋湿了一个肩膀。他想到了"扩一扩"，就设计出了一把"情侣伞"——将伞面积扩大，并呈椭圆形，结果这种伞在市场上很畅销。

第四，缩一缩。把原有物品的体积缩小、长或宽缩短，变成新的东西。例如生活中常见的折叠伞、微型照相机、浓缩洗衣粉、掌中宝电脑、折叠沙发和折叠桌椅等，也都是"缩一缩"的结果。

第五，变一变。就是改变原有事物的形状、尺寸、颜色、滋味、浓度、密度、顺序、场合、时间、对象、方式、音响等，产生的新思维，形成新的物品。美国牙医明娜·杜尔斯发现患龋齿的儿童不爱刷牙的原因之一是讨厌牙膏中的薄荷味。她运用"变一变"原理进行创意，在牙膏中减少薄荷，加上糖浆和果汁，改变了牙膏的口味。这种牙膏还分橙汁味、苹果味、香蕉味等各种香型，并制成橙红、果绿、淡黄等悦目的颜色。产品上市后，大受儿童欢迎，孩子们把刷牙当成一种乐事，有的甚至一天要刷两三遍。

"变一变"的题材唾手可得，又易于创意，小到服装款式、生活习惯，大到经营方式、产品创新、创造发明等万般事物，都需要无穷无尽的变化，为我们提供了广阔的发挥创造才能的舞台。例如把风琴改成电子琴等。

第六，联一联。把某一事物和另一事物联系起来，看看能产生什么新事物？

西安太阳食品集团创始人李照森有一次陪同客人到西安饭庄进餐，发现人们对一道用锅巴做原材料的菜肴很感兴趣，不由得联想到：锅巴能做菜肴，为什么不能加工为小食品呢？美国的土豆片能风靡世界，作为烹饪大国的中国也应让锅巴食品征服世界。此后，西安太阳集团相继开发问世用不同原料、不同调料、不同做法制作的锅巴食品。诸如大米锅巴、小米锅巴、黑米锅巴、五香锅巴、牛肉味锅巴、海鲜味锅巴、果味锅巴、咖啡味锅巴、乳酸锅巴、西式锅巴等等，琳琅满目。李照森进一步用"联一联"的方法，开发了诸如虾条、奶宝、麦圈、菠萝豆、乳钙米香酥、营养其子豆等等五彩缤纷的系列小食品，年销售额亿元以上。锅巴食品还在中外十几个国家和地区获得了专利权。

第七，学一学。学习模仿别的物品的原理、形状、结构、颜色、性能、规格、方法等，以求创新。

日本一些企业很善于学习别人的长处，加快自己企业的新产品开发步伐，投入低，产出高。当索尼公司首先研制出"贝塔马克斯"牌录像机时，松下公司马上分析这种录像机的优缺点，然后根据用户的反映，再生产出比"贝塔马克斯"更适合用户需要的录像机品种。很快，松下公司生产的录像机后来居上，超过索尼公司生产的录像机的销售量。原来，松下公司有个原则：不当技术先驱者，而做技术追随者。松下公司几乎没有投入大量资金去进行什么新技术开发，而只是默默地静观他人之长，然后拿来为自己所用，取而代之，从而节省了人力、物力，收到事半功倍之效。

"学一学"不是照搬，而是从现象中寻找规律性的东西，学习中有改进，学习中有创造。所以，模仿学习有时能得到更新的技术，使其得以"跳过"创新者，开发出卓越的产品。

第八，改一改。就是从现有事物入手，发现该事物的不足之处，如不安全、不方便、不美观的地方，然后针对这些不足寻找有效的改进措施，进行创新。

"改"与"变"的含义差不多，但"变一变"是主动地对某一事物进行变动，使这一事物保持常新。"改一改"则带有被动性，常常是在事物缺点暴露出来后，才用通过消除这种缺点的方式来进行创造。"改一改"技巧的应用范围很广，如酒瓶，透明的改为磨砂的，玻璃的改为瓷罐的；原有的玻璃注射器改为一次性塑料注射器；电话机由拨盘式改为键盘式；风琴改变一下变为电子琴；锂电池计算器改进为太阳能计算器；普通门锁改为IC卡门锁；普通固定式餐桌改为电子呼叫和座位号显示餐桌……

第九，代一代。用其他事物或方法来代替现有的事物或方法，从而进行创新的思路。许多事物尽管使用领域不一样，使用方式也各不相同，但都能完成同一种功能，因此，可以试着替代。既可以直接寻找现有事物的代用品，也可以从材料、零部件、方法、形状、颜色和声音等方面进行局部替代。我们可以这样设想：有什么东西能代替这一件东西吗？替代以后会产生哪些变化？会有什么好的效果？能解决哪些实质性的问题？等等。

爱迪生测量一个玻璃灯泡的容积，是将水注满这个玻璃灯泡，然后再将水倒入带刻度的量杯中直接读出。这里用的是"方法"替代。

产品中材料的"替代"更是广泛。如塑料水龙头、塑料桌椅、全塑汽车等等都是用塑料替代金属；以纸来替代传统材料也很多见，如纸拖鞋、纸口罩、纸帽子、纸杯、餐巾纸等等；还有利用植物纤维代替钢筋，发明了黄麻水泥制品……

第十，搬一搬。就是把这件事物、设想、技术搬到别处，产生新的事物、设想和技术。

"搬一搬"往往是某项发明创造推广应用的基本方法。如激光技术"搬"到了各个领域产生了激光切削、激光手术……又如，原本用来照明的电灯，经"搬一搬"后，有了紫外线灭菌灯、红外线加热灯、装饰彩灯、信号灯……

第十一，反一反。就是将某一事物的形态、性质、功能以及正反、里外、前后、左右、上下、横竖等颠倒，从而产生新的事物。

"反一反"在生活中的运用是很普遍的，如森林动物园反普通动物园将猛兽关在笼子里供游人观赏的常态，改为将游人关在笼式汽车里在森林中游览观赏行动自由的猛兽，受到游人的欢迎。

人们知道气体和液体会热胀冷缩。伽利略把它反过来思考，即胀——热，缩——冷，从而发明了温度计。

第十二，定一定。是指对产品或事物定出新的标准、型号、顺序，或者为改进产品以及提高工作效率和防止不良后果做出的一些新规定，而形成的创新。

据检测，茅台酒所含对人体有益的微量物质至少在 170 种以上，远胜于普通白酒，贮存时间越长，保健功能越突出。事实上，消费者对茅台酒的价值判断早已超越饮用范畴，而扩展到收藏范畴。茅台酒股份有限公司根据这些实际，采取了"定一定"的办法，从 2001 年 1 月 1 日起，实施了将每瓶茅台酒出厂前都标上出厂年份的办法，出厂后第二年，茅台酒价格将自动上调 10%，以后逐年以此类推。这一做法被称为"价格年份制"，在中国白酒市场上是首创。业内人士评价说，这是民族酒业实施国际战略的体现，无论对于"茅台"品牌自身，还是对于整个中国白酒业，茅台酒按年论价都利大于弊。

"定一定"创新思维方法也适合搞小创造、小发明。如一位小同学用"定时"褪色的材料做成"可使用"标签，把它粘贴在有时间限定的物品、食品包装上。当消费者在购物时看到"可使用"特种标签的字样已褪色，就知道此物品已过期，不能再买了。

许多企业、老字号或单位，也用"定一定"的办法总结出自己独特的经营特色或服务风格，或对所追求目标"定位"，并坚持发扬光大，都取得了骄人的业绩。

第七节　联想创新思维法

联想是创新思维的重要形式。一个人联想能力的强弱将决定他使用"联想创新思维法"的可能性的大小。联想创新思维法有下面三种类型。

一、自由联想创新思维法

自由联想创新思维法是在自由奔放、积极思考、借题发挥、踊跃发言、禁止批判的情况下，召集若干人征询解决问题的措施和意见的创新思维方法。该法通过"入出法"表现出来，即把所期望的结果作为输出，以能产生该输出的一切可以利用的条件作为输入，从输入到输出要经历从自由联想提出设想、用限制条件评价设想（如此反复代替）到最后得到理想的输出的三个步骤。该方法与其他自由联想方法相比，多了一个评价过程，因而"入出法"得到的创新性设想往往更加成熟和实用。

入出法也是采用集体讨论的方式，具体步骤如下：

第一步：先由主持人宣布所要创新的实物特征（即输出），然后与会人员针对"输出"，提出各种"输入"。

第二步：对于"输入"进行一些具体地分析。

第三步：由与会者积极思考，提出各种自由联想和设想。

第四步：主持人宣布限制条件。

第五步：由与会者评价各种设想，也可提出在限制条件下可实现的各种联想，依此次序反复进行。

最后：给出联想和评价的结果、给出"输入"。

二、强制联想创新思维法

强制联想是把人们根本不去想的事物"硬性"地联系起来，从中产生许多创新的思想。这种方法要求紧紧围绕"焦点"进行强制联想。下面以生产椅子为例具体说明。

（1）要生产新型椅子，以椅子作为强制联想的"焦点"。

（2）任选另一项目，如可选择"灯泡"。

（3）用发散性思维分析灯泡，并将结果与椅子之间进行强制联想。例如：电灯泡——电动椅；玻璃灯泡——玻璃做的椅子；球形灯泡——球形椅子；螺旋式灯头的灯泡——螺旋式插入转椅；遥控灯——遥控椅；透明的灯泡——透明质料的坐椅；发光的灯泡——椅背上带有灯，可供看书的椅子。

（4）进一步发展每一个想法。如以选取最后一个设想"发光"为例：发光——亮——白天——云彩；云彩一样美丽的椅子；云彩之形——云形的椅子；云彩会变色——变色的椅子；浮云——坐上后具有悬浮感的椅子等。又如，从第二个设想"球形"发散：球形——圆形——辐射对称——花——像花一样的椅子；花有玫瑰花、百合花——类似于玫瑰花、百合花的玫瑰椅、百合椅；花有茎、叶——能否把椅脚设计成类似花的茎部、叶部；花有香味——能散发香味的椅子等。

强制联想有以下特点。

（1）思维焦点是强制联想的起点。思维焦点即创新思维对象，把它作为强制联想的起点强制与其毫无关系的其他事物"拉关系"。

（2）毫无相干的事物是强制联想的中介。强制联想起点确定后，随意列举若干事物，然后从所列举的事物中选择与思维焦点毫无相干的事物。

（3）强制联想是过程。把所要解决的问题与所选择的与此毫无相干的事物强制联系在一起，启发出更多的创新性思想，这是强制联想创新思维的关键。

如为了解决鸡蛋的保存难的问题，把鸡蛋作为强制联想的起点，与奶粉强制联系在一起。并强制联想思维：鲜奶最不易保存，但可以通过固化——奶粉的形式解决。而鸡蛋与鲜奶相比，仍然存在着保存问题。鲜奶可以通过固化形式解决，鸡蛋能不能晒干？哈尔滨市的农民企业家李德库就是把鸡蛋与奶粉强制地联系在一起，进行联想，鸡蛋固化技术由此而产生，"晒干后的鸡蛋"不但能制成蛋黄粉、素汤、蛋黄饮料和罐头等食品，还可以提取蛋黄油。

三、类比联想创新思维法

类比联想创新思维法是将要创新的客体与某一有共同点的事物进行对照类比，通过联想而获得启示，进行创新思维的方法。例如，物理学家欧姆在研究电流流动时，将电与热进行了类比，把通过导体的电势比作温度，把电流总量比作一定的热量，应用傅立叶热传导理论的基本思想再引入电阻的概念，终于提出了著名的欧姆定律。

由此可见，类比联想创新思维法既要借助于原有的知识，但又不能受原有知识的过分束缚。它要求人们通过联想思维，把两个不同的事物联系起来，把陌生的对象与熟悉的对象联系起来，把未知的东西与已知的东西联系起来，异中求同、同中求异，从而诞生出新成果。比如飞机的诞生在很大程度上受到了蜻蜓的启示。

从哲学普遍联系的观点来看，世界上所有事物之间，都存在多种多样的联系，这种联系可以是事物内部的，也可以是事物外部的；既可以是直接的，也可能是间接的。事物间联系的运用既可以用在事物发展的全过程，也可以用于不同的事物发展阶段上。因此，原则上，都存在着应用类比方法的可能性。从这个意义上讲，类比联想创新思维法是有一定的客观规律作为其基础的。

类比联想创新思维法的实施大致经过以下三个步骤。

（1）正确选择类比对象。类比对象的选择应以创新目标为根据，一般应选择所熟悉的对象，它们应该是生动直观的事物，这样较容易进行类比。在这一步中，联想思维是很重要的，要善于应用联想思维把表面上毫无相干的事物联系起来。

（2）将两者进行分析、比较，从中找出共同的属性。

（3）在前两步的基础上，进行类比联想推理，得出结论。

如高歌发明的"沙丘驻涡火焰稳定器"，解决了世界上40多年来喷气式发动机燃烧火焰不稳定这一关键问题。在该火焰稳定器的创新发明中，高歌以要发明的"稳定火焰"为目的，类比联想到自己过去在戈壁滩上工作时，曾观察过在大风中有自行维持稳定形状的新月形沙丘，从同样是"稳定"这一点得到启发，通过模拟、类比和各方面的努力，获得了成功。

类比思维联想是在两个特定的事物间进行的，它既不同于从特殊到一般的归纳方法，也不同于一般到特殊的演绎方法。根据类比的对象与方式不同，类比方法还可以进一步分为拟人类比、直接类比、象征类比、因果类比、对称类比、综合类比等。

总之，类此联想创新思维法涉及的面积广，虽然其中有一些步骤可遵循先例，但总的看来联想需要的是广泛而深刻的想象能力。因此，在许多场合下并不能预先规定什么性质的联想是最好或最有效的，往往需与灵感或其他创新思维方法结合起来使用才更容易收到较好效果。

第八节　传统发现问题方法

一、试错法

1. 定义

试错法是指人们通过反复尝试运用各式各样方法或理论，使错误逐渐减少，最终获得正确解决问题方法的一种创新方法，这是一种随机寻找解决方案的方法。

通过不断试验消除对追求目标的误差，这种探索是具有黑箱性质的系统方法。该方法常在动物的行为中不自觉地应用，在人的行为中则常是自觉的应用。试错法是纯粹经验式的学习方法。应用试错法的主体通过间断地或连续地改变黑箱系统的参量，试验黑箱所作出的应答，逐渐找到目标。主体行为的成败是用其趋近目标的程度或达到中间目标的过程来评价的。趋近目标的信息反馈给主体，主体就会继续采取成功的行为方式；偏离目标的信息反馈给主体，主体就会采取避免失败的行为方式。通过这种不断地尝试和不断的评价，主体就能逐渐达到所要追求的目标。

有一个试错法的著名论证实验如下。

桑代克把饥饿的猫放在一个封闭的笼子里。笼子外摆着一盘可望但不可及的食物。笼子里面有一个杠杆，如果被碰到，那么笼子的门就能开启。起初猫在笼子里乱窜并用爪子在笼子里乱抓。显然，猫偶尔会碰到那个杠杆，门也就开了。在随后的试验序列中，当猫被重新放回笼子时。它还是像先前那样在笼子里动来动去，但是渐渐地，猫好像领会了门是通过那杠杆来开启的。最终，当它再被放回笼子里的时候，它就会直接去碰那根杠杆并逃离笼子。这就是典型的试错法。

2. 特点

人应用试错法的特点明显地表现在人与黑箱的信息联系方面：（1）人能按照对黑箱内部结构的预想给黑箱输入信息；（2）人能充分利用已有的知识，选择信息最大的搜索方式，加速试错行为；（3）人能用概念把握从黑箱输出的信息。通过对这些反馈信息的分析和综合，人们逐渐获得了对黑箱功能的认识，从而形成了对待黑箱的行为准则。

在科学研究中应用试错法，对于人类认识黑箱系统的功能，并采取相应的对策，具有重要的意义。

3. 类型

试错法的类型分为：理性试错和非理性试错。

英国科学哲学家卡尔·波普尔说，试错法的成功主要取决于"提出足够数量（和独创）的理论，所提理论应足够多样化，并应进行足够严格的检验。这样，如果我们有幸，就可以排除不适合的理论而保证最合适者生存"。这种思想，与公共决策中的理性决策模式的重要特征相通：找到解决问题的全部备选方案，并尽量全面地预测和评估各个方案，最后严格地比较各个备选方案，以寻找问题解决的最佳方案。每一次试错都是一次解决问题的尝试，都包含着决策行为。我们可以进一步发展波普尔的观点，把试错分为理性试错和非理性试错，并利用这两个概念考察教育政策的制定过程。

如果把某种社会形态的教育政策历史看作一个不断试错的过程，就意味着教育政策的历史经历这样的过程：经过多次调整和修改，从不正确到正确，从不适应到适应，从而不断地有效干预教育问题。这是一个试错过程，其中的多次调整和修改就是多次试错。每一次试错可能是理性的，也可能是非理性的。

理性试错的特征是：在调整政策或者变革政策之前，即在尝试解决问题之前，参与决策者提出尽可能多的备选方案，并尽量全面预测和评估各个方案，然后全面比较各个方案，最后认真考虑，是否选择最佳方案作为尝试解决问题的措施。

非理性试错的特征是：在尝试解决问题之前，即在决策中，个人判断或者经验判断占上风，控制着决策过程，决策中仅提出一个草案，经过开会协商后做一些调整和修改，接着就颁布政策文本。

4. 运用

试错法也即猜想—反驳法。因而，它的运作分两步进行，即猜想和反驳。

1）猜想

猜想是试错法的第一步，没有猜想，就不会发现错误，也就不会有反驳和更正。猜想在一定意义上就是怀疑，这种怀疑不是为了怀疑而怀疑，而是为了发现问题、更正问题，是科学的审慎的态度。我们的认识一方面来自观察、实践，另一方面来自大脑中已有的知识储存。然而，大脑中的知识储存并不是原封不动地被吸收、利用，而只能是有选择地、批判地吸收、利用。这就需要猜想、怀疑，对以往储存的知识进行修正，修正过的知识方可融进新的认识、理论之中。

之所以进行猜想，是因为我们对事物的认识，虽然已掌握了部分事实材料，但还不能清晰、完整地把握。此时，不能一昧等到事物的本质全部自动呈现，而要积极地创造条件，使之尽快暴露出来，并积极地进行猜想、审察，以期从已有事实中发现新东西。猜想离不开直觉和想象。从这方面讲，猜想同创造性思维紧密相连，可归入创造性思维之列。

但是，这里的猜想不是胡乱地想象，随意地编造，除了要尊重已有的事实之外，还须符合以下三个要求。

（1）简单性要求，即经猜想而得的设想必须简单明了，必须让人一看就明白新设想"新"在何处，它与旧认识的关联何在等；

（2）可以独立地进行检验，即新设想除了可以解释预定要解释的东西之外，它还必须具有一些可以接受检验的新推论。否则，它就仍然停留在原有认识水平上。例如，我们在写一份分析报告时，先陈述已有的某方面成就及其不足，提出自己的新主张，然后还必须从自己的新主张中推论出几种建设性意见或几条重要结论。这是写报告的基本要求；

（3）尽可能获得成功和较长久地不被替代、推翻。之所以进行猜想、怀疑原有认识，就是为了确立新认识和新理论。如果新理论不追求成功、长时间有效，猜想就毫无必要了。

上述三个要求符合试错法的基本精神。

2）反驳

反驳是试错法的第二步。没有反驳，猜想就是一厢情愿，而且可能导致错误重重的设想。反驳就是批判，就是在初步结论中寻找毛病，发现错误，通过检验确定错误，最后排除错误的思维过程。排除错误是试错法的目的，也是它的本质。因为不能排除错误，认识就不能得到提高，就不可能从错误丛生中走出来。所以，人类高明于动物的地方，其中之一就是能够排除错误，以免干扰新的认识。而动物能够发现错误，但不能排除错误，从而导致它以后又犯错，有可能最终导致死亡。比如，人如果发现前进的路上布满地雷，并发现了地雷的位置而不能排除的话，人们就很难通过此路，即使碰巧通过了，却会给后来人留下死亡陷阱。所以，通过批判和排除错误，可以确保减少或不增加理论的错误，确保理论能被接受和运用。

从上述可以推出，反驳就是一种"从错误中学习"的方法。没有错误，人类就无法前进，科学也无法发展。国家的每项方针、政策都是在吸取以前经验的基础上制定的；科学的重大发现也是在无数次试错中实现的。如"六六六"药粉的发现，就得名于它是在经历了666次试验之后才获成功这一事实。永远正确的只能是"上帝"，永远犯错误的只能是百分之百的傻瓜。大多数人既非"上帝"也非傻瓜，而是介于两者之间的常人，因而会犯错误，但是，人能够从错误中学习。

试错法就是猜想与反驳的结合。这种方法同假设—演绎推理法有相同之处，也有不同之处。假设—演绎推理法是先根据事实，确立一个假说，然后寻求证据，支持它、证实它；而试错法却似乎正相反，它是对已有认识的试错，即不是找正面论据，而是寻求推翻它、驳倒它的例子，并排除这些反例，从而使认识更加精确、科学。所以，这两种方法在方向上是相反的，但在动机和目的上是相同的：证实某一理论并赋予它更多的科学性。如果说演绎推理法是正面的，那么试错法就是反面的。这两种方法的交叉使用，定会使我们的行动获得成功。

有一点需交代，即试错法的试错不是目的，不是为试错而试错。生活中，大多数人，包括一些领导并不喜欢别人给他找错误、挑毛病，认为这是对他的不恭或故意刁难。这种想法应该抛弃。油灯底下总是黑的，一个人很难发现自己的错误，别人的帮助正是求之不得。当然，也必须杜绝另一种情况，即以试错为名，主观、任意地挑毛病，或为了挑毛病而挑毛病，把试错当成一切，当成打击、报复、阻碍他人的一种手段和方法。这是对试错法的极大歪曲。

二、整体思考法

整体思考法又叫全面思考法，是在各种情况下，考虑所有因素的一种思维方法。

譬如，13世纪时，北威尔士王子列维伦有条忠实而凶猛的狗——盖勒特。一天，王子外出打猎，留狗在家看护婴儿。王子打猎归来后，看见血染被毯，婴儿不见了。而狗呢，一边舔着嘴边的鲜血，一边高兴地望着主人。王子大怒，抽刀刺入狗腹。盖勒特惨叫一声，惊醒了熟睡在血迹斑斑的毯子下面的婴儿。到这时，王子才发现屋角躺着一条死去的恶狼。原来，盖勒特为了保护小主人，咬死了恶狼。可是王子只看到了狗嘴边有鲜血，又没看到婴儿，就断定是它吃了婴儿，而怒火中烧误杀了自己忠实的狗。事后，王子悲痛万分，把狗埋葬在自己的公馆里。"误杀义犬"的例子，反映了生活中一些人想问题时不能很好地运用整体思考法，认识和判断事情仅考虑部分因素，很容易做错事。

注意事项：第一，想问题的时候必须要从整体出发，全面考虑，不能仅从局部出发、片面考虑；第二，当整体利益和局部利益发生矛盾时，要坚持整体利益至上，放弃或者牺牲局部利益。

三、多屏幕法

多屏幕法是一种非常实用的分析手段，对事物未来的发展有一定的预见性和总体把握。它通过找到问题的当前系统，以及当前系统的超系统和子系统，关注各系统的过去、现在和未来，以期有一个整体的把握，从而为系统的未来发展寻找解决方案。

第九节　组合型创新方法与结构化思维

一、形态分析法

1. 定义

形态分析法是技术预测方法之一。是一种系统地探寻生产某种产品的新技术方案的方法。所谓形态在技术预测中指的是产品的零部件。

2. 特点

形态分析法的特点是把研究对象或问题，分成一些基本组成部分，然后对某一个基本组成部分单独进行处理，分别提供各种解决问题的办法或方案，最后形成解决整个问题的总方案。这时会有若干个总方案，因为是通过不同的组合关系而得到的几个总方案。每一个总方案是否可行，必须采用形态学方法进行分析。

3. 步骤

（1）明确用此技法所要解决的问题；（2）将要解决的问题，按重要功能等基本组成部分，列出有关的独立因素；（3）详细列出各个独立因素所含的要素；（4）将各要素排列组合成创造性设想。

二、信息交合法

1. 定义

信息交合法是一种运用信息概念和采用灵活的手法进行多渠道、多层次的推测、想象和创新的创造性发明技法。应用信息交合法进行创造发明，就是把某些看来似乎是孤立、零散的信息，通过相似、接近、因果、对比等联想手段搭起微妙的桥，使之曲径通幽，将信息交合成一项新的概括。

信息交合法，又可以称为"要素标的发明法"或称为"信息反应场法"。信息交合法是一种在信息交合中进行创新的思维技巧，即把物体的总体信息分解成若干个要素，然后把这种物体与人类各种实践活动相关的用途进行要素分解，把两种信息要素用坐标法连成信息坐标 x 轴与 y 轴，两轴垂直相交，构成"信息反应场"，每个坐标轴上各点的信息可以依次与另一坐标轴上的信息交合，从而产生新的信息。

2. 公理

第一，不同信息的交合可产生新信息；第二，不同联系的交合，可产生新联系。

3. 定理

第一，新信息、新联系在相互作用中产生。第二，具体的信息和联系均有一定的时空限制性。没有相互作用，就不能产生新信息、新联系。所以"相互作用"（即一定条件）是中介，只要有了这种一定条件，任何的信息均可以进行联系。

4. 原则

整体分解原则：先把对象及相关条件整体加以分解，按序列得出要素。信息交合原则：各轴的每个要素逐一与另一轴的各个标的相交合。结晶筛选原则：通过对方案的筛选，找出更好的方案。

三、结构化思维

1. 定义

结构化思维是指一个人在面对工作任务或者难题时能从多个侧面进行思考，深刻分析导致问题出现的原因，系统制定行动方案，并采取恰当的手段使工作得以高效率开展，取得高绩效。当你这样做事的时候，你就拥有了结构化思维，这将对你的职场晋升起到巨大的帮助作用。思维决定发展，思维层面不同导致结果不同。

下面我们通过一个例子，具体感受一下什么是结构化思维。

71438059269250741863

如上图，如果给你 10 秒钟，你能把上述 20 个数字背出来吗？

如果不能的话，我们再来看一组数字。10 秒钟之后，你能背出来吗？

99887766554433221100

我相信，第二组数字，很多人在 10 秒钟之后，都能背出来！

其实，上面两组的 20 个数字是一样的。但是为什么相同的两组数字，我们能轻易地记住第二组呢？那是因为第二组数字更符合我们大脑的使用习惯，数字与数字之间有清晰的逻辑和结构。

把你的想法和思维内容，像排列数字一样，组成一个结构分明的整体，方便日后的理解、存储、使用。这个，就称之为结构化思维。

2. 结构化思维的步骤

1）明确目的，找到分解角度

所谓的结构化，不是单纯地把问题拆散、切碎，然后再分类汇总；而是将一个整体分解成一个个独立的要素，再将一个个要素重新组合成一个整体结构。

同样的要素，组合成不同的结构，就能实现不同的功能和目的。因此，结构化思维，并不是简单做个分类汇总，而是要考虑分解后，以什么方式组合，要达成什么目的。所以，我们得在问题分解之前，先弄清楚分解目的是什么，然后根据目的进行拆解与结构化。例如，对于一个项目，如果目标是分析进度，那就按客户时间进度，过程阶段来分解；如果目标是分析成本，那就按工作项来分解；如果目标是分析客户，那就按客户性别、年龄、学历、职业、收入等来分解。

2）按 MECE 原则，组成结构

确定了分解目的之后，就要开始搭建结构了。我们先了解一下最基本的结构形态：金字塔结构。所谓金字塔结构，就是先确认目标问题，再根据分解的目的，将问题分解成不同的类别，类别下再放入对应的不同要素，这样逐层分解，最终就形成类似于金字塔的形状结构。

MECE 是麦肯锡咨询公司著名咨询师巴巴拉·明托在她的著作《金字塔原理》中提出的核心概念，意思是：相互独立、完全穷尽。也就是金字塔的每一层，内容不能有重复的部分，也不能有遗漏的部分。

金字塔的每一层，都必须牢固，不能少一块砖，也不能多一块砖，不然整个结构就会垮塌，这个就称为 MECE 原则。

3）调整结构，给出方案

在明确分解目的是什么之后，依据 MECE 原则对原有的结构进行调整，给出全新的方案，达到创新目的。

第十节　学习和运用创新思维技法应注意的问题

一、正确认识创新技法的作用

要正确认识和评价创新技法的作用，就要充分肯定创新技法在各项创新活动中的重要作用和显著效果，同时纠正两种错误认识。

（1）充分肯定创新技法在各类创新活动中的重要作用和显著效果。从 1938 年奥斯本创设"智力激励法"至今 80 多年来的事实反复证明，创新技法是创新体系中不可缺少的重要组成部分。它在科学地发现思路、推动发明创造活动、指导企业技术创新特别是新产品开发、促进创造性教育培训和创造力开发等方面都发挥了巨大作用，产生了令人瞩目的效果。日本从第二次世界大战的废墟上站起来，20 世纪 90 年代一跃为世界第二经济大国，每年的专利申请跃居世界第一，这样大的进步，与日本在企业和社会上推广创新技法有必然的联系。

（2）纠正全盘否定创新技法的错误认识。美国哲学家费耶阿本德写了一本名叫《反对方法》的书。他认为，科学创新遵循的唯一方法论原则就是"怎么都行"，也就是说，不能被现有的方法束缚住，而是愿意怎么干就怎么干。他自称是"无政府主义的认识论"，反对学习和运用任何方法。这种观点在理论上是片面的，在实践上是有害的。辩证唯物主义的认识论认为，把真理说得过火就会走向荒谬。费耶阿本德抓住"科学创造不能受现有方法的束缚"这一真理，把它夸大为反对学习和运用任何方法，就跌进了谬误的深渊。人类的哲学史和科学史证明，科学方法是科学的灵魂，任何一个真正的科学体系都包含着不可缺少的科学方法系统。反对任何方法，实质上就是反对任何科学体系。反对学习和运用创新思维技法，在实践中必将造成对创新体系的研究、宣传、应用、推广以及整个创新事业的严重危害。

（3）纠正过分夸大创新技法作用的错误认识。由于创新理论在最初时主要表现为创新技法，或者说人们对创新技法的研究和宣传较多，以至于少数人产生这样的误解：学习创新理论，主要是学习创新技法；有的人还认为只要学习和运用创新技法，就一定能搞出创新成果。针对这种极少数人的片面认识，我们仍然要认清它的危害性。早在 20 世纪 80 年代中期，钱学森教授一方面肯定发明学和创造学都比"教育工程"前进了一步，承认人的智力发展不是一个简单的机械物理过程；另一方面，也批评了某些创造学宣传者夸大创造方法的作用，把发明创造简单化的片面倾向。这些专家认为："如果你要发明，要创造，那就请你按下述条款办，一、二、三、四……"创造真的如此简单吗？如果如此简单，那教育工作也好办了。这种把发明创造简单化的观点，不符合创新要求。创新思维活动是人类最高级、最复杂的思维活动，要获得创新思维活动的成功，单靠学习和运用创新思维技法是远远不够的，创新思维技法只是一个必要条件，还不是充分条件；还需要综合培养创新性人格、培育创新思维能力，在提高智力、积累专业知识、捕捉机遇等多方面下功夫。

二、运用创新思维技法应注意的事项

（1）在学习、研究和运用创新思维技法时，一定要明确：在实际的创新过程中，创新思维技法的运用与主体的创新性人格、创新思维活动能力，特别是直觉、灵感、顿悟等思维能力有着十分密切的关系。所以，要把学习创新思维技法与培养创新性人格、创新思维能力结合起来，不要把创新思维技法从创新理论体系中分离出来，孤立地、机械地学习和运用。

（2）一种创新思维技法一般只是对某种特殊创新思维活动过程的抽象概括，或者只是对创新思维活动过程的某一方面、某一环节的抽象概括。在实际的创新思维活动过程中，往往是同时并用或先后运用多种创新思维技法。所以，在运用创新思维技法时，要根据课题的特点和该课题研究过程的实际，选择两种以上的创新思维技法加以综合运用。

（3）正确理解"无法而法，乃为至法"。我国清代著名画家石涛说："至人无法，非无法也，无法而法，乃为至法。"用创造学的观点来看，意思是有很高创造能力和掌握娴熟创新思维技法的人不受已有方法的约束，这并不是不要方法，而是要形成那种打破传统方法的方法，是最高、最有效的方法。把这一精神用到创新思维技法上，即是强调具有很高创造能力和掌握创新思维技法精髓的人不受现有创新思维技法的约束，并不是说不要创新思维技法，不必学习和运用创新思维技法，而是说，只有那种不固守旧方法，善于灵活地、综合地运用创新思维技法，善于打破现有创新思维技法而创造新技法的方法，才是最高、最有效的方法。

第八章
大学生创新思维的培养

当今世界，和平合作的潮流滚滚向前，开放融通的潮流滚滚向前，变革创新的潮流滚滚向前。综合国力竞争说到底是创新的竞争。习近平总书记指出："在激烈的国际竞争中，惟创新者进，惟创新者强，惟创新者胜。"① 青年是社会上最富活力、最具创造性的群体，更加要注重创新思维的培养。创新思维的培养是指发明或发现一种新方式用以处理某种事情或某种事物的思维过程，它要求重新组织观念，以便产生某种新的产品。可以说，创新性思维是整个创新活动的智能结构的关键，是创新力的核心，创新教育与教学必须着力培养这种可贵的思维品质。

第一节　大学生创新思维应具备的条件

创新思维过程往往要经历十分曲折的道路，缺乏必要准备的人，难以到达理想的终点。应有良好的心理准备，经得起挫折与失败；应有健康的身体准备，能够承受巨大的、恶劣环境的压力；应有丰富的知识准备，知识浅薄的人难有大的作为。

一、丰富的知识

在进行任何一项创新思维之前，我们头脑中总要有一些预备性的知识。人的头脑把这些知识当作铺垫或者跳板，然后构思出改进产品或解决问题的新方法。在已经到来的知识经济时代，知识是创新的源泉。可以预言。谁掌握了知识，谁就掌握了创新的源泉。一个人的知识面应当尽可能的广博，尽力做到兼收并蓄，夯实知识结构的基础，为此，创新型

---

① 《创新正当其时，圆梦适得其势》2013 年 10 月 21 日。

人才要关注各学科的前沿发展动态，预测其发展对社会、经济的影响；要安排时间大量快速阅读有关新思想、新成果的文献资料；鉴别处理各种知识和信息，研究新的思想、新的科研成果对自己进行的创新工作的影响作用和利用价值。同时，更重要的是，必须深入系统掌握一门知识，真正成为这一方面的专家。合理的知识结构忌讳的是"平而不尖"。例如，如果你想在烹调方面有所创新，你就需要读有关的烹调书，掌握烹调的技艺，尝试新的食谱，光顾大量的餐馆，接受烹调培训。你懂得这方面的知识越多，你就越有可能做出美味的、与众不同的佳肴。同样，写作作为创造性的活动，首先要做的就是投入到要写的专题之中：查阅大量的资料，做读书笔记，记录对这个专题的认识，也不放过他人对这个专题的看法。这样，就"做好了思想准备"。如果你正为一项工作绞尽脑汁，想在这个具体的问题上有所建树，那么，你需要全身心地投入到这项工作中，对其关键的问题和环节做深入的了解，也即对这项工作进行批判的思考：研究你自己在这个领域的经验。总之，要认真地对自己学习的材料、观念的对象、生存的环境和求解的难题进行研究，为你创造性的思想准备"土壤"。

二、优秀的个人品质

培养大学生的创新思维，在掌握必需的创新知识的同时，还要培养大学生的诸如胆识、毅力、勤奋、活力、自我激励以及批判性思考等优秀的个人品质，才能促成创新思维的形成。

（一）胆识

胆识是进行创新思维的勇气和能力。胆识是人宝贵的精神品质，它既是大勇，也是大智。创新思维活动本身存在着探索性和独创性的特点，其表现就是在思想上不因循守旧、不迷信书本，具有敢于打破传统的勇气。人若缺乏胆识，许多事情就不敢去做，有好设想、好办法、好知识，只能滞留在大脑中，不能变为现实。有胆有识，才是真正的大智慧。法国文学家阿纳托尔·法朗士曾说："最难得的勇气，是思想的勇气"。我们培养胆识，就是要给我们头脑中的智慧加上勇气，使头脑中的智慧成为具有能实现社会价值的真正意义的智慧。

（二）毅力与勤奋

毅力是指人们坚定持久、毫不动摇的意志力，是时间上的持久性和精神上的坚韧性的表现。顽强的毅力是大学生创新思维活动取得成功的重要保证之一。法国文学家奥诺雷·巴尔扎克说："勇气和天才是成功的一半，而毅力是成功的另一半。"毅力不仅能使创新思维活动在困境中得以持续发展，在险途上始终拥有前进的动力；而且还能使人克服自身弱点，使自己的思想保持正确和灵活的状态。罗曼·罗兰曾说："真正的光明不是没有黑暗，而是永不被黑暗所遮蔽；真正的英雄不是没有挫折，而是永不被挫折所击败。"创新人才应具备永不坠落的青云之志和永不熄灭的毅力之火，在艰难曲折的创新活动中，知难而进、百折不挠，始终如一地朝着既定的目标前进。

由于毅力表现在时间上具有持久性，所以与毅力相依相伴的是勤奋。人们只有勤奋，才能大有作为。用勤奋的精神对待创新思维，是一种大智慧。这种大智慧对培养创新思维，具有非常重要的意义。美国有个研究诺贝尔奖获得者的学者在研究中发现，这些科学巨人的成就和他们的人格有着密切的联系。他们都有一股坚持不懈的精神，都能努力地工作，勤奋地从事自己的事业。

毅力与勤奋是人的宝贵的精神品质，它不单是一种习惯，而且更是一种志气、一种理想、一种追求。只有那些有事业心和成就欲的人才会具有这种精神品质。

（三）活力

活力是指创新思维活动中始终保持的一种乐观、振作的精神状态和积极、稳健的行动能力。杨振宁博士曾说：中国的大学生和美国的大学生相比，中国的学生胆子小并缺乏东奔西跑的活力。由于缺乏活力，虽然有好想法甚至是好发明，终不能取得创新成果。因为好的想法、方案和好的发明创造并不是创新。创新是要将好的想法、好的方案和好的发明创造变成社会所需的产品或使其价值在社会上得以实现。而这种实现的过程，是离不开创新者的活力的。

创新活力的重要表现形式是与社会广泛、及时、有效进行联系和沟通的形式与手段。现代信息产业的快速发展，为广大大学生进行创新活动提供了形式多样的联系工具，尤其是互联网技术的发展，可以使我们将"秀才不出门，便知天下事"等"书生气"发挥得淋漓尽致。但我们也不能忽视走向社会，直面各种各样的人并与之在一个积极意义的主题下所进行的联系和交往。尤其是大学生，更要锻炼自己在社会上东奔西跑的能力。

（四）自我激励

自我激励就是自己通过有意识地去想、去做一些事情，引发出自己内心的渴望和养成积极思考的习惯，从而积极地影响自己的行为和潜意识。自我激励可以使我们认真思考，提高效率，藐视困难，乐观地看待人生。

自我激励的方式主要有以下 2 种。

（1）积极地自我暗示。"人若败之，必先自败。许多具有真才实学的人终其一生却少有所成，其原因在于他们深为令人泄气的自我暗示所害。每当他们想做某件事，总是胡思乱想着可能招致的失败，他们总是想象着失败之后随之而来的羞辱，一直到他们完全丧失创新精神或创造力为止……如果你因为肯定自己能实现心中的理想而增强了信心，那么，你的能力相应地也会增强。如果你认为自己卓越超凡，你会真的变得卓越超凡。"美国成功学奠基人奥里森·马登在《思考与成功》一书中也有许多关于自我暗示和成功的学说，使全世界无数人士从中获得了成功的自信和勇气，从而走向成功。马登博士也被公认为世界上最伟大的成功励志大师。人们的社会实践也证明：积极的自我暗示，能使自己走向成功；消极的自我暗示，则使自己招致失败。

（2）严格地进行自我训练。自我训练就是不需要别人督促，自己告诉自己该练就哪些本领，该改正哪些错误，并严格地去做。尤其是你不愿意做，可是为了成功你必须做的事情，没人督促你，自己要自觉，认真地去完成。所有成功者，都来自严格的自我训练，来自严格的自律，不只是比别人多"付出一些"，而是要加倍练习，努力提高自己。

（五）批判性思考

每个人在成长的过程中，其思维方式大致经过三个阶段。第一个阶段：朴素的思维方式阶段。由于自己年龄小，知识贫乏，无生活和社会阅历，对来自各方面的知识和信息自己没有判断能力，所以，就朴素地根据父母、监护人和老师等的标准，按"权威"们的看法、意见和观点区分事情的对与错，没有妥协和商量的可能性。随着年龄的增长和知识、阅历的丰富，人们发现"权威"们的观点并不都完全一致，有时甚至是相互矛盾的，但听起来似乎都有道理，此时，人们就进入到思维方式的第二个阶段："都有道理"阶段。此阶段与第一个阶段相比，在成熟和复杂的程度方面稍有长进，但对于一个有见识和有洞察力的人来说，必须要向前发展，进入第三个阶段：批判地思维阶段。在这一阶段，人们可以找到第一阶段与第二阶段两种相反观点的综合。当人们达到了这个认识和理解层次后，就会意识到不同的观点有优劣之分，之所以如此，并不是因为权威怎么看，而是因为支撑不同观点的理由是否充分，有说服力。与此同时，对他人的观点，特别是与自己不同的观点抱着宽容的态度，他们只接受在一定程度上令人信服、论据充分的观点。

批判地思考、对待每一个问题，首先要了解对这个问题的不同看法，对这些看法提出的理由进行评价，然后在此基础上提出自己独到的见解。如果有人问他为什么会这样看问题时，他会给出一个合理的解释，但同时他也尊重有合理根据的不同观点，并十分乐意听取与自己不同或截然相反的看法，因而是一种开放性的思维。

三、良好的外部环境

人类的创新都是在一定的环境中进行的，缺乏一定的环境，创新就无法进行。外部环境对人类创新能力的影响是显而易见的。而外部环境又分为社会大的环境和个人所处的具体环境。李克强总理在 2015 年国家科学技术奖励大会上指出，"要营造鼓励探索、宽容失败和尊重人才、尊重创造的氛围，使创新成为一种价值导向、一种生活方式、一种时代气息，在全社会形成浓郁的创新文化氛围，为创新提供丰厚肥沃的土壤。"

（一）社会环境

社会环境是进行创新思维所必不可少的，它包括时代背景，处于不同时代的人们，进行创新的目的、要求是不同的，创新的手段也是不一样的。这是创新者所必须了解的，这就是所谓的"识时务者为俊杰"。同时，还要有良好的社会公共环境，包括舆论环境、政策环境、法制环境等，回顾人类的创新史，不难发现这样一个事实：创新伴随着人类的发展，但有一个很明显的特征，这就是它往往集中在某一个历史时期，我们把这些科技创新时期分别称为第一次科技革命、第二次科技革命和第三次科技革命……之所以如此，就是当时已具备了创新的社会环境。

我们所处的时代是知识经济时代。这一时代随着商品经济的发展，在第一次科技革命与第二次科技革命的推动下，产生了以微电脑、航天技术和生物工程等为特征的第三次科技革命，这次科技革命推动人类社会更快更高地发展，并使知识、科技、信息在各种生产要素中居于首位。在"科学技术是第一生产力"的基础上发展起来的新型经济——知识经济，其表现为：全社会科学文化水平普遍提高，劳动者普遍能使用信息、知识和技术，并将其应用于生产、管理、经营、分配和科研等领域。其本质和核心是创新，是一个以知识创新为核心的时代。与这一社会环境相适应，要求当代大学生不仅要掌握知识、技术，而且要运用知识、技术获取信息、加工信息，进行创新。

为了适应这个时代发展要求，我们国家正在积极营造创新的社会环境。首先是在思想上、舆论上高度重视。习近平总书记从不同角度反复指出："面对日益激烈的国际竞争，我们必须把创新摆在国家发展全局的核心位置，不断推进理论创新、制度创新、科技创新、文化创新等各方面创新。""创新发展、新旧动能转换，是我们能否过坎的关键。要坚持把发展基点放在创新上，发挥我国社会主义制度能够集中力量办大事的制度优势，大力培育创新优势企业，塑造更多依靠创新驱动、更多发挥先发优势的引领型发展。""发展是第一要务，人才是第一资源，创新是第一动力。中国如果不走创新驱动道路，新旧动能不能顺利转换，是不可能真正强大起来的，只能是大而不强。"目的是要通过宣传教育提高全社会对创新的紧迫性、必要性和伟大意义的认识，造成全社会积极开拓进取、推动社会进步创新的社会环境。其次是在政策措施上，制定和实施了科教兴国战略、人才战略以及国家创新体制，积极营造良好的社会创新环境。

（二）具体环境

对个人来说，创新思维的运行需要某种良好的外部环境。一般情况下，人们在某种环境里，头脑特别灵光，新观念、新办法层出不穷；而在另外一些场合，则显得头脑麻木，像一张空白纸，或者心烦意乱，理不出头绪，大有"江郎才尽"的感觉。所以每个人都应该选择并把握住自己的最佳思维环境。

中外历史上的许多思想家和发明家，常有适合于他本人的独特的思维环境，有些环境在我们看来简直无法容忍，而他们却如鱼得水，乐在其中，独特的环境成了他们伟大观念和伟大作品的催化剂。

有的学者喜欢在寒冷的地方思考，比如古希腊的哲学家苏格拉底，经常站在冰天雪地里思索哲学问题；有的学者则喜欢在温暖的房间内思考，如法国学者笛卡尔，一定要在烧着壁炉的房间内裹着被子沉思。还有的思考环境则更为独特，像德国学者席勒，喜欢在写字台上摆满腐烂的苹果，据说那种"美妙的气味"有助于激发他的灵感；音乐家莫扎特喜欢一边做体操一边构思旋律等。总之，每个人的创新思维环境各不相同，要经过自己的摸索和实践才能把握。

创新思维成果是创新者在一定的社会环境条件下，将自己的品德、才智、胆魄和毅力等心理特质付诸创新实践的体现，是创新者智慧、道德和意志等多种心智活动在除旧创新水平上的高度发挥。

第二节　大学生创新思维的过程

从普遍性的角度来看，大学生创新思维的过程可分为以下四个既有区别又有联系的阶段

一、准备阶段

创新思维有着自己的活动规律，包括其活动过程、活动方式，尤其还有它的准备条件，即具备哪些因素才可以使创新思维活动正常而又顺利进行。也就是这里所指的创新思维的准备。有学者研究认为，创新思维的准备是一个系统工程，它由个体的心理状况、创新意识、知识结构、外部氛围等构成。

创新思维的心理准备是指，思维主体具备良好的、有利于创新思维的心理素质和自我调节心理、情绪的能力。比如自信自尊、乐观向上、兴趣广泛、注意专一等心理有利于创

新思维的发动和进行。相反，自卑忧伤、自满骄傲、随众顺从、固执保守等心理不利于创新思维的发动和进行。实际上，即便是同一种心理状态，如果超过了某一界限而没能有效自我调节、控制，也不利于个体创新思维。

创新思维的意识准备是指，个体创新欲望的强度。或者通俗理解为创新的一种冲动。一个缺乏创新意识的人，可能表现出求新求异心理淡薄，创造欲望低下等状态，他就不可能发挥思维的主动性，创新思维就没有动力。决定和直接影响人的创新意识强弱的因素是多方面的，但明显的在于人的世界观、人生观和价值观，理论素养，情感体验和对事业的追求以及社会责任感等。

创新思维的知识准备是指，一个人具有合理或科学的知识结构。人的大脑是一个信息或知识存储器。大量和各类的信息或新知识在脑中的存在是有规律的，比如已经通过内化转变成为主体观念的知识，可能直接制约和影响对新信息或新知识的吸收与运用。因而，各类信息或知识以及先后的信息或知识，能够协调运用，科学组合，有效促使创新思维发生就成为创新思维的准备。

创新思维的氛围条件是指，创新思维主体具有良好的外部条件和环境。主要包括自然环境和社会环境，又称客观物质环境与精神环境。尤其是社会氛围环境，对创新思维有很重要的作用。但无论是自然环境还是社会环境，总体讲，和谐与自由的、稳定而轻松的氛围是创新思维的理想条件。从我国实践看，计划经济和市场经济是两个不同的外部环境，所以对人的创新思维影响也是不同的。

创新思维的准备就是告诉大家，任何一个创新思维主体，必须意识到创新思维总是有一定内外条件的，只有具备了一定程度的内外条件，人的创新思维才可以被激发和正常进行。探讨创新思维的准备，也在于提醒大学生在培养自己综合素质的过程中，要注意全面加强思想修炼，正确把握创新精神的价值导向。任何个体创新思维的准备都只能服从爱祖国、爱人民、关心自然、关心人类、关爱生命、关注全球的品质，要使自己成为一个具有真正意义上的具有创新精神的现代人。

发现你的创造才能，需要你了解创造过程是如何进行的，在此基础上要相信创造能产生结果。

对于有创造性的观点来说，没有固定的程序或公式，创造性的观点往往超越思考的既定方式，达到未知和创新的领域。借用古希腊哲学家赫拉克利特的话说就是："你必须期望出乎意料的东西，因为它不能靠追求和追踪来发现。"

既然创造性的观点没有固定的模式，那么，我们就要设法从事一些活动促使创造性观点的诞生。在这方面，培育创造性的观点与园艺活动很相似。要准备土壤，植物种子，确保充足的供水、光照和养料，然后耐心地等待有创造性的观点破土而出。根据这一过程，下面我们提出培育创造性的几种方法。

（一）提出问题

创新者能明确地提出问题，就等于问题已经解决了一半。因为一切创新都始于提出问题。为了能正确地提出问题，首先必须了解引起问题所依据的重要事实，以及在解决问题上已有的前提条件，如理论水平和研究积累的科学事实等。古人云："于不疑处有疑，方是进矣。"在一般人看来没有问题的地方提出问题，方能把问题研究得更深入一步。学从疑处生，学贵知疑，大疑则大进，小疑则小进。好问则裕，谁能多提问题，谁的收益就大。挖掘你的提出问题的能力，需要你了解创新思维活动过程是如何进行的。当人们年轻时，大多数人在生活中是喜欢提出问题的，因为人们想追求新的生活体验，愿意在有活力的环境中成长。但是，随着人们年龄的增长，人们曾经喜欢的这种充满朝气的生活就逐渐减退，最终成为僵化刻板的、能预测的模式，不再提出问题，就像雕塑家手里的湿泥巴慢慢变硬，被雕塑成了各种各样的形象一样。

要始终保持人们早年充满活力、有创新的生活，首先要认识到提出问题才能改变人们的生活。如果看不到有超越目前生存状况的可能性，那么，就不可能提出任何问题。你不能追求你看不见的东西，作家奥斯卡·王尔德对这一点有很精彩的表述："世界的真正奥秘是可见之物，而不是不可见之物。"其次，要通过提出问题，选择打破习惯，改变常规，体验新经历，使你的生活再次充满活力。受人爱戴的物理学家理查德·费曼有一首风采迷人的科学诗值得一读：

"我想知道这是为什么，

我想知道这是为什么，

我想知道

为什么我想知道这是为什么，

我想知道究竟为什么我非要知道

我为什么想知道这是为什么！"

（二）搜集资料

一切科学研究都要求依靠事实。这些事实或者直接来自生活，或者取之实验室，或者取之我们自己不可能观察到的历史资料。在这一阶段，主要是围绕问题收集资料、形成概念、储存经验，以便以此为基础进行创新活动。没有资料，分析问题缺乏依据，创新就失去了基础，便会成为空中楼阁。占有的资料越丰富，创新思维就会更加灵活和深刻，创新能力就会在新颖独到的见解之上绽放绚丽的花朵。我国著名的语言学家王力教授，在谈到自己走上成才之路时，对书更是感激不尽。他说："在一个偶然的机会，我在李家一间空房里发现杂乱地堆着许多书，有十四箱之多，这些书是主人的父亲留下的。他父亲曾在广东有名的广雅书院读书……得到这些书，我如饥似渴地认真读起来，使我大开眼界，像发现了新大陆一样。从此我才知道什么叫学问。"

人们各种创新思维的产生，看上去总仿佛是自然涌出的，其实并不是无中生有。各种思维，特别是创新思维，总是根据某种目的和需要而调动储存在头脑中的各种知识和经验形成的。思维活动有时虽以从未有过的组合形式表现出来，但是，却出现不了本人没有的知识和经验的组合形式。当然，我们不能把知识经验仅局限于在学校或其他地方学习过的东西，那些不知不觉中所经历的事物也应成为材料。总之，要想能产生良好的创新思维，顺利地完成创新活动，从各方面和不同的角度准备众多的材料是十分必要的。因为一个人在解决问题时，他可能考虑到的，不过是当时已知觉到的和能够从记忆中提取出来的信息。只有在已准备好的现成材料的基础上，进行思考与想象，加以构思，才能解决别人所未解决的问题。所以博闻强记，注重材料的积累，无疑是人们进行创新活动的重要条件。

搜集资料，是一项很平凡的工作，谁都能做，以致人们常常瞧不起它。可是，无论搞大型创新项目还是具体的实际工作，都离不开它。俗话说："兵马未动，粮草先行。"创新课题一经确定，第一步就是广泛地搜集资料。离开资料，创新几乎寸步难行。马克思说："研究必须充分地占有材料，分析它的各种发展形式，探寻这些形式的内在联系。只有这项工作完成以后，现实的运动才能适当地叙述出来。"

17世纪，我国出现了一部伟大的科学技术著作——《天工开物》。它详细记载了我国古代的农业、工业和手工业等技术，闪耀着我国劳动人民的智慧之光，被誉为"中国17世纪的工艺百科全书"。这本书之所以有这样大的影响，同作者宋应星以认真严肃的态度收集资料有密切关系。他做了两个方面的工作：一方面，把古代有关老百姓穿衣吃饭的书，统统找来阅读；另一方面，把实际生活中有关老百姓吃饭穿衣的事，尽可能问清楚，并一一记录。积累的资料装了满满的一箱，才开始写作。

（三）预期与参与

预期，是思维态势适当超前，识别生存背景可能发生的各种变化，主动遵循发展规律，并从某种程度上积极驾驭改变自下而上背景的一种追求。它强调为预防可能遭遇的重大困难、挫折甚至致命伤害，保持应有的警觉和做出转危为安的准备。预期应贯穿于创新思维的始终，它能使人眼光高远，捕捉创新思维的方向和主题、方式、方法，它能有效地增强创新实践能力的时效性和深度广度，是创新思维培养中不可缺少的一种自我培养方法。

参与，是将创新思维转化为创新性社会化功能的实践，是创新思维紧扣时代脉搏的一个鲜明特征。热情地参与实践活动，有助于审时度势地瞻望未来，把握住与现实密切关联的预期。科学预期的引发和持续，又会为准确、有效地参与提供有益的启示和良机。

（四）提出假设

对每一件事物的研究都应服从于创意或假设，以利于创新过程中所遇到问题的解决。假设在创新思维活动中具有特别重要的地位，它能揭示事物的奥秘，迈出探索事物的第一步。一切创意都以假设为前提。没有假设，很难从不同的事物中发现共同的东西，很难从未知的事物中找出已知的东西，很难从已知的事物中预测未知的东西。没有假设，特别是没有具有想象力的假设，要想发现自然界和社会生活中的新规律，成为新事物的发现者、发明者、创新者，几乎是不可能的。

二、酝酿阶段

创新萌芽时期往往是不明显的或比较模糊的，它必须经过充分酝酿才能逐渐明确起来。在酝酿过程中，通过对所积累资料的筛选分析，对多个创新方案的比较，对可能遇到的各种问题的反复思考，逐渐产生一个明确的结果。酝酿阶段，可能确定创新设想，也可能局部修订，甚至全部改变，这与已掌握的资料的多少、优劣以及个人的知识经验、综合分析能力有关，也与创新目标有关。一般说来，创新目标的独创性越高，酝酿构思的难度越大。确定一个理想的创新设想，常常需要多次反复酝酿。

酝酿的时间可能很短，也可能很长，甚至可能长达几个月、几年或十几年之久。其主要原因有以下几个方面：①各种因素之间的联系是否明确；②假设是否科学；③对假设的信心程度；④是否具有思维定势；⑤与个人的知识、经验和能力有关。但不论怎样，都需要创新者持之以恒，坚持不懈；有时需要改变思路、独辟蹊径；有时需要与人讨论，启发灵感，方能奏效。

酝酿过程中，创新者没有什么可以看得见的成果。从表面看，创新可能毫无进展。此时，你可能一个人呆呆地坐在那里，手里拿着笔，却一个字也写不出来；可能到图书馆里翻翻书报，好像一无所获；也可能到处溜达溜达，走走看看，好像还是什么也没有找到。为了把自己的思维调整到创新的状态上来，你必须从熟悉的思考模式以及对事物的固有成见中摆脱出来。为了避免习惯的"智慧"的束缚，你可以用以下几种技巧来进行酝酿：

（1）建立自己的"创新乐园"。要为自己开辟一个进行创新思维的活动角隅。它有一定的私密性，"创新乐园"的主人在这里酝酿、静思。它不一定很大，可能只在你的书桌旁。但对自己，这是一方不可取代的圣地，奇思、妙想、蓝图，优秀的改革创意，紧张的脑力激荡，都在这里育出。

"创新乐园"里最好应具备的物品：有你所崇敬的名人传记和你所珍爱的经典书籍；收藏着令你得意的智慧笔录、心灵日记；有你最近选定的创新课题思考笔记本，你将来的创新创意或许就由此诞生；有条件的话，设置与外界联系的信息通道，使你的新思想化育在充分占有相关信息的界面上进行；还放置着最能触发你美好情思的纪念物品、最令你喜爱的智慧玩具，因为创新智慧和情感智慧常是孪生兄弟。

（2）群策攻关法。群策攻关法是艾利克斯·奥斯伯恩于 1963 年提出的一种方法，通过与他人一起工作从而产生独特的思想，并创造性地解决问题，这种方式建立在集体所具有的力量基础上。在一个典型的群策攻关期间，一般是一组人在一起工作，在一个特定的时间内提出尽可能多的思想。提出了思想和观点以后，并不对它们进行判断和评价，因为这样做会抑制思想自由地流动，阻碍人们提出建议。批判的评价可推迟到后一个阶段。应鼓励人们在创造性地思考时，善于借鉴他人的观点，因为创造性的观点往往是多种思想交互作用的结果。也可以通过运用你思想无意识的流动，以及大脑自然的联想力，使之迸发出思想火花。

（3）创造"大脑图"。"大脑图"是一个具有多种用途的工具，它既可用来提出观点，也可用来表示不同观点之间的多种联系。可以这样开始你的"大脑图"：在一张纸的中间写下主要的专题，然后记录下所有能够与这个专题有联系的观点，并用连线把它们联系起来。让你的大脑自由地运转，好似跟随它一般的建立联系。应该尽可能快地做，不要担心次序或结构。让其自然地呈现出结构，要反映出你的大脑自然地建立联系和组织信息的方式。一旦完成了这个工作，你便能够很容易地在新的信息和你不断加深的理解的基础上，修改其结构或组织。

（4）坚持写"做梦日记"：根据弗洛伊德《梦的解析》一书中提出的观点，梦是通向无意识的捷径，是发现创造性思想的丰富和肥沃的土壤。除了从你的日常生活中获取思想之外，梦也表达了你内心深处思想过程的逻辑和情感，而它们与你创造性的"本质"紧紧相连。梦具有情感的力量，生动的图像，以及不寻常的（有时候是奇怪的）联结，它可以作为你创造性思考的真正的催化剂。然而，就像是阳光下的露水会被蒸发掉一样，梦是很容易被忘记的。为了抓住你的梦，在你的床边做一个便笺簿，把你所能回忆起来的梦的情景记下来。你的梦的其他情节可能会在白天被突然想起，尽可能地也把这些额外的细节记下来。记录完你做的梦以后，要想办法破译你做的梦的含义，也要让梦的内容刺激你创造性的想象力。

三、顿悟阶段

把精力专注于你的工作任务上之后，创新思维程序的下一个阶段就是停止你的工作。虽然你已经有意识让大脑停止了积极的活动，但是，你的大脑无意识的仍继续在运转——处理信息、使信息条理化、最终产生创新的思想和办法。这个过程就是大家都知道的"酝酿成熟"的阶段，因为它反映了有创造性的思想的诞生过程，就像雏鸡在鸡蛋里逐渐生长直至破壳而出的过程一样。当你在工作时，你创造性的大脑仍在运转着，直到豁然开朗的那一刻，酝酿成熟的思想最终会喷薄而出，出现在你大脑意识层的表面上。有些人说，当他们参加一些与某工作完全无关的活动时，这个豁然开朗的时刻常常会来临。这就是人们常说的顿悟。

顿悟原为佛教用语，大意是指顿然破除妄念，觉悟真理。这里借指在创新酝酿阶段的终了，是与直觉和灵感有一定联系的思维现象。当创新者进入这一阶段，往往有柳暗花明、茅塞顿开的感觉。美国化学家普拉特和贝克曾对 232 名化学家进行过调查，其中有33%的人说在解决重大问题时经常有直觉出现，有55%的人偶有直觉出现，其余17%未有直觉出现。这种调查至少表明直觉在创新顿悟中是客观存在的，而且具有重要作用。

把顿悟的出现，称为一个阶段，完全是为了表述方便，因为它并没有明显的特征。顿悟的到来相当富于戏剧性，有时是逐渐到来的，有时又不期而至，更有时是突如其来的闪电般的光临。正像古诗词所描绘："众里寻他千百度，蓦然回首，那人却在灯火阑珊处。"例如，英国伟大的科学家艾撒克·牛顿，大学毕业后留校在研究室专门研究物理学和天文学。有一天，他坐在苹果树下读书，突然，一只苹果"扑通"落地，他心头猛然一亮，一个长期苦苦思索的问题一下子找到了答案：苹果落地是被地球的引力吸下来。牛顿由此研究下去，发现了万有引力定律，1687 年《自然哲学的数学原理》问世，用数学描述了自然现象，为世人留下了富贵的遗产。

在这方面，最著名的例子恐怕就是希腊思想家阿基米德，当他在洗澡时，他豁然开朗的那一刻来到了，他光着身子跑出来，穿过雅典的街道，大声喊着："我找到了!"你在生活中某种程度上肯定也有过这种"我找到了!"的体验。有时候，尽管人们绞尽脑汁也想不起来一个人的名字或重要的细节。在这种时候，如果你停下来，不去想这个问题，把你的注意力转移到其他的事情上，你常常会发现这个你百思不得其解的问题，不打招呼会突然出现在你的脑海中，仿佛你在大脑中编了一个计算机程序，它不停地进行扫描、处理，直到答案突然地出现在屏幕上。我们在考试过程中，经常会出现这一现象：某一道题，自己百思不得其解，但当你刚一交卷或考试结束铃声一响，就想起来了。为什么这时会想起来？就是因为这时你不去想它了，或准备放弃了，这时它就出现了。这就是我们所说的顿悟。

当然，要想让顿悟发生，你必须给它以足够的时间。回想一下由于你没有给大脑留出足够完成工作的时间，所以你会有与创新的思想和有见地的战略擦肩而过的经历。尽管你可以用给鸡蛋增加温度的办法，加速雏鸡孵化的过程，但是，创新作为一个自然的过程不能被缩短或删减。如果你过早地让创新破壳而出，你得到的只是一顿早餐，而不是一只毛茸茸的小鸡。你需要给创新预留出足够的动作时间，直到"豁然开朗的那一刻"出现，这是你对创新的过程尊敬的表现。

亚历山大·弗莱明发现青霉素的过程，可以说对创造性过程的这一个阶段作了最好的说明。发现青霉素从表面上看来，似乎是一系列偶然的巧合。虽然弗莱明多年来一直试图发现防止细菌传染的方法，但是，直到有一天，他鼻子里的一滴黏液恰巧掉在了一个盘子里，而在这个盘子里，恰巧盛有他一直用来做实验的溶液。这两种液体的混合导致了抗生素的初步产生，但是，它的效力还很弱。7年以后，一只四处游荡的孢子飘进了他开着的窗户，落在了他实验室内盛有相同溶液的盘子里，导致了我们今天熟悉的抗生素，即青霉素的诞生。但这个发现并不是只靠运气：弗莱明为寻找有效的抗生素已经苦苦奋斗了15年，当这些偶然现象出现时，他能意识到其重要性，并果断地抓住它们。法国著名的微生物学家路易斯·巴斯德对这类创造性的突破作了这样的总结：机遇只偏爱那种有准备的头脑。

对这个问题，你可能要问：如果豁然开朗的那一刻不出现，那怎么办呢？如果你竭尽全力，按照所有的步骤为你的创新的园圃科学地施肥，那么，有新意的思想一定会破土而出，你看见这个创新的过程在运转的次数越多，你的信心就会越大。请想想你生活中曾有过的"我找到了！"的时刻，并在你的"思考笔记本"上把它记下来。这样做不失为一种解决问题的独特的方法，以及一条实现目标或提出有新意的观点的好途径。你创新的"本质"具有这样的特点，你越是想强迫它运转，它就越是不露面。因而你需要放弃自己意识的控制，让创新的"本质"用它自己的方式运作，去创造奇迹。

必须指出，顿悟绝不是什么神秘的东西，也不是无法说清的东西。它同前面的准备和酝酿是分不开的。顿悟如果离开人们长时间的实践，离开高度集中和紧张的思考，是不可能凭空产生的。所谓直觉或者灵感，也是在实践经验的基础上，由于思维的高度活动而形成的对客观事物的一种比较迅速的直接的综合判断。俄国著名作家车尔尼雪夫斯基说过："灵感是一个不喜欢拜访懒汉的客人。"俄国著名画家列宾说："灵感，是由于顽强的劳动而获得的奖赏。"可见，顿悟的产生绝不是无缘无故、随随便便的，它是一个人长期实践、长期思考、艰苦劳动的产物。

四、验证阶段

创造性的思想火花一出现，很令人振奋，然而，这个时刻只是标志着创造性过程的开始，而不是结束。如果在创造性的思想出现时，你意识不到，不能对其采取行动，那么，你脑子里出现的创造性的思想就没有丝毫的用处。在现实生活中，经常会有这样的情况，当创造性的思想火花出现时，人们并没有给它们以极大的关注，或者认为不实用而忽略了它们。你必须对你创造性的思想有信心，即使它们似乎是古怪的或远离现实的。在人类发展史上，许多最有价值的发明一开始似乎都是些不大可能的想法，被流行的常识所嘲笑和不齿。例如，尼龙粘扣的想法就来源于发明者穿过一片田地时，粘在他裤子边上的生毛刺的野果。口香糖的出现也是在用树胶做实验寻找橡胶的替代物时，无意间做出的。

随着创新的深入，对创新者的要求也越来越高。在这一阶段，创新者应具有较高的观察能力和分析能力，善于发现和判断有时看来是微不足道的，但对创新却又是很重要的问题和事实。在这一阶段，创新者要把研究的东西与预期的结果加以系统的对比，用事实的逻辑来检验科学的假设，如果事实与假设不一致，就应当果断地否定原来的假设；如果假设不可靠，虽然诱人，也只能忍痛割爱，代之以新的假设，再检验新的假设。这种检验假设的工作往往要反复进行许多次。

有了假设以后，对它们进行创新，使其变成现实，是一项很艰苦的工作。大多数人喜欢提出创新思想，并与他人进行讨论，但是，很少有人愿意拿出所需要的时间，付出努力，使那些具有创新思想的想法成为现实。当发明家爱迪生说："天才是百分之一的灵感和百分九十九的汗水"时，他并没有夸张。在任何一个领域，作出有意义的创新的成就，一般都需要数年的实践、体验和再加工，即使某项发明是瞬间作出的，而这个瞬间往往是辛苦和勤奋的冰山一角，这也就是为什么当有人问著名的摄影家阿尔弗雷德·艾森斯塔特，拍一张受人称赞的照片要用多长时间时，他回答"30 年"的原因。虽然爱因斯坦在26 岁时就提出了相对论，但事实上，他从 16 岁开始就一直在潜心研究这个问题。

任何有价值的创新，都不是轻而易举的事，靠一时的热情或运气是无法实现的。为了选定一个科学的设想方案，常常需要做大量的实验，一直到某些规律被发现、被证明或被确定为止。居里夫人为了提炼出纯镭，在一间没有人住的旧木棚里，以惊人的毅力顽强工作 45 个月，终于从 1 吨铀沥青矿废渣中提炼出了 0.1 克纯镭，居里夫人在自传中写道："有时候，实验不能中断，我们便在木棚里随便做点什么当午餐，充充饥而已。有时候，我得用一根与我体重不相上下的大铁棒去搅动沸腾着的铀沥青矿。傍晚时分，工作结束时，我像是散了架似的，连话都懒得说了。"

创新是一种高度创造性的劳动，创新思维成果是否具有科学性，必须经过实践的检验。诺贝尔奖的科学精神就是"创新、求实、献身"三位一体的科学意识，因此，诺贝尔奖一般都在科学发现之后十几年颁发，为的是让时间去检验科学创新的成果。

如果不是 1974 年 11 月 10 日去斯坦福加速器研究中心参加学术会议，丁肇中可能会失去了粒子的发现权。因为丁肇中尽管在 1974 年 8 月就发现了这一粒子，但为了慎重起见，他们还准备在提高仪器灵敏度之后做进一步实验才宣布他们的发现。当丁肇中在会议上听到斯坦福加速器研究中心也测到了他已测到过的有关 J 粒子的数据时，才感到事不宜迟。立即用电话通知他的研究小组，马上宣布他们的发现。所以，这一新粒子是里希特小组和丁肇中小组在同一天宣布发现的。因这一发现而授予的诺贝尔奖也由里希特与丁肇中分享。事实上，里希特小组也是在 1974 年 7 月就发现了这一新粒子，同样经历了一段时间的重复核对和准备之后，才宣布了他们的发现。这段逸闻表明，从观察到下结论，是需要一段时间的。

如今，随着科学的不断发展，发现的问题也就越多，需要加以研究的课题也就越多。这就要求创新，要尽快证明其价值，特别是实用价值。所以，20 世纪以来，创新成果应用到实际生产中的周期也越来越短。例如：科学技术从发明到实际运用，18 世纪的蒸汽机用了 80 多年，19 世纪的电动机为 65 年、电话 56 年、无线电通讯 35 年、真空电子管 31 年；20 世纪的雷达用时 15 年、喷气发动机 14 年、电视 12 年、原子能利用 6 年、集成电路 2 年。电脑从 20 世纪 70 年代初至 80 年代初，10 年左右更换了 4 代，现在正以更快的速度更新换代。当然，创新思维活动并不意味着所有的创新都必须很快地验证其价值，我们只是希望这样的创新更多一些，我们对这样的创新更重视一些。

验证的结果有时以失败而告终。但是，验证的失败并非毫无益处，它对创新思维具有特殊的意义。第一，可以使创新活动少走弯路；第二，可以减少或避免人力、物力和资金投入上的浪费；第三，有时失败的经验比成功的经验更重要，失败中的发现要比成功中的发现多得多；第四，在创新活动中，失败是成功的基石，失败孕育成功，正是从这个意义上说"失败是成功之母"。公众很少想到，在科学家的大脑中有那么多的思想和理论，由于他们自己的严格批评而销声匿迹了。在最顺利的情况下，也只能证实猜想、希望和预先推论的十分之一。因此，创新者决不可因为失败就匆忙对自己的假设"判死刑"了之。常常有这种情况，有人认真研究了被别人"判死刑"的创新项目，结果毫不费力地取得创新成果。

有益的环境是重要的，为了点燃你创造性思想的火花，还有一个重要的因素是你的思想要时刻做好准备。这就需要把精力投入到目前的工作上来。大多数人需要全身心的集中，以便在大脑处于工作高峰时期进行工作。为此，要腾出专门的一段时间，不受干扰，专注于你的工作。当人们专注于创造性过程的时候，有了必备的知识作基础，就可以把精力投入到手头的工作上来了。要为工作专门腾出一些时间，这样就能不受干扰，专注于工作了。当人们专注于创造性过程的这个阶段时，据说他们一般就完全意识不到发生在他们周围的事，也没有了时间的概念。当人的思维处于这种最理想的状态时，就会竭尽全力地做好工作，挖掘以前尚未开发的脑力资源——一种深入的、"大脑处于最佳状态"的创造性思考。

在现实生活中，常常有人试图在精力不集中的时候工作，一边看电视、听广播、谈话一边工作，这样做根本就不能达到工作的目的。又比如在比较吵闹的地方，人们往往不太安静，这个时候如果你要工作，最好戴上浅橘色的、专为使用链锯的人设计的消音耳套，尽管看起来一定很奇怪，但是，这个办法能使你能"专心致志地工作。"作为大学生，一般来说，已经具备了抗干扰能力，但此时如果你不能完全静下心来，最好的办法就是大声地读，在读的过程中抗干扰。

最大限度地集中注意力，保持思索问题的最佳状态，这是创新过程的关键。犹如阳光下的凸透镜，集中光束可以引起燃烧一样，智慧的光芒也只有在聚焦效应之下，才能发生突变。俗话说："一心不能二用。"每个人的精力是有限的，创新思维是极为艰难的高智力、高强度的劳动更需要全身心的投入，凝聚人的全部力量，集中到一点上去突破。正如美国著名作家马克·吐温所说："人的思想是了不起的，只要专注某一项事业，那就一定会做出使自己感到吃惊的成绩来。"

有益的环境是重要的，为了点燃你创造性思想的火花，还有一个重要的因素是你的思想要时刻做好准备。这也可能就是赫拉克利特说的"期望出乎意料的东西"这句话的含义，也是希腊戏剧家索福克勒斯所写的"观察，你就能有所发现——不观察，什么东西都不会发现"这句话时，他脑子里想表达的意思。需要训练大脑做到专心，这样才能有很高的工作效率。为了从创造性的"本质"中捕捉一些细微的信号，需要使自己变得更敏感。

这是使你认识到你的创造性自我的一个有用的方法：它存在于你的"本质"是我们所有的人基本的组成部分，而创造性的思考则是理解这个真正的自我、你的隐秘的自我、精神的自我的关键。创造性包括你的生活要在你的"本质"的指导下来进行，你的"本质"是你创造性冲动的诞生之地。你的"本质"是你精神的核心，即你大脑中的意识和无意识层次密切配合的地方，它能使独特的创造性在你的身上结出丰硕的果实。用心理学家阿瑟·考斯特勒的话来说就是："创造性的大脑是意识和无意识之间不同层次的统一体。我们有时候必须进行挖掘，去发现我们的创造力。"

具备这种专心致志的能力，"思想做好准备"是很必要的，我们可以通过以下几种方式来培养自己这方面的能力。

（1）调节环境：当我们进入教堂，我们就会使自己适应这里的气氛，表现出恭敬和虔诚，你可以用同样的方式来调节你在学习环境中的注意力，在选择学习环境时，要考虑到它是否有利于你专心。例如，挑选一个好的地方，你就可以全身心地进行创造性的思考了。这样，当你来到这个地方时，你的大脑就已经进入了专注的状态，你可以立即开始你创造性的思考过程。现实是很多学生不善于调整自己，比如，在上课的路上与别人发生了争执，到教室后仍然耿耿于怀，结果两节课后，什么也没学到，当然也就谈不上什么创新了。

（2）养成良好的心理习惯：人的人格中包含着大量的习惯性的行为：有的行为是积极的，有的则是消极的，大多数则居于两者之间。学习全身心地集中和投入，往往意味着要打破影响你全身心投入的习惯，如，同时想好几件事，或用有限的时间去完成很重要的任务。同时，培养专心致志的能力，也包括要养成新的心理习惯：找一个合适的地方，调配足够的时间，以及进行认真的和有创造性的思考。这些新的习惯可能需要你付出更大的努力，耗费更大的心血，但是，这些行为很快就会成为你自然而然的和本能的一部分。

（3）进行冥想练习：人的大脑充斥着思想、感情、记忆、计划——所有这一切都在竞争，想引起人的注意。在人整日沉浸于应对来自方方面面的刺激，需要从身心上作出反应时，这种大脑"吵架"的现象更为严重。为了专注于创造性的工作，需要净化和清理大脑。做到这一点的一个有效的方法就是做冥想练习。

开始创造性的思考或活动时，用大约 5 分钟的时间进入理想的精神状态。舒服地坐在椅子上，紧闭双眼，轮流握紧拳头，然后放松身体的每一个部分，先从脚趾开始，再向上移动，达到头顶。特别要做到解除在关键部位已积聚起来的紧张。当身体放松了以后，就把注意力放在放松大脑上。把大脑想象成一个装满了思想和情感的容器，逐渐地把这些东西腾空直至一片空白。想象你待在一个漆黑的屋子里，它如此之黑以至于无法看见任何东西。把情感沉浸在那个放松的黑色之中，使所有的烦恼和不安都不复存在。过一会儿，逐渐地把自己带回到意识状态之中，最后，睁开双眼，把注意力和精力集中在创造性的工作上。

第三节　大学生创新思维过程的误区

任何一个创新者，都想在创新之路上获得成功。然而，实践的结果却是：有的取得成功，有的却惨遭失败。这是为什么呢？成功的经验和失败的教训告诉我们：创新之路并非坦途，遍布大漠沼泽，谁能走出这个误区，谁就能获得成功，否则就失败。

一、不需要确定目标

有了目标，内心的力量才会找到方向。漫无目标的创新，无异于浪费时间和生命。许多人埋头苦干，却不知所为何来，到头来发现追求成功的阶梯搭错了边，却为时已晚。因此我们务必掌握真正的目标，而且必须是长期的、特定的、具体化的、远大的。事实上，设定一个适当的目标，就等于达到了目标的一部分。目标一旦确定，创新就会容易得多。当你养成制定目标、实现目标的习惯后，你就判若两人，从前成就平平，现在却能取得连自己也想不到的创新成果。

创新最重要的前提，就是要具有明确的目标。了解自己要干什么是十分必要的。亨利·福特的目标就是制造出普通人都能买得起，而且实用的汽车。在其著名的V-8型汽车研究过程中，他的目标是在一个引擎上铸造 8 个完整的汽缸。当他将这一设想讲给工程师们听时，工程师们虽在心里觉得福特无知和异想天开，但他们并没有表现出来。不过，他们不得不告诉福特，这是不可能的。"无论可能还是不可能。必须把它制造出来！"这是福特心中铁定的目标。作为福特手下的工程师们只好从命。他们尝试所有的方案，制定所能想出的一切计划。时间一天天过去，什么也没发生。"需要试，我一定要得到这种车子！"福特没有丝毫动摇。最后，好运真的降临到这个固执家伙的身上，工程师们也兴奋起来了，因为他们居然做到了他们认为不可能的事，八缸引擎终于成功。

二、做准备充分才开始

许多老年人在教导下一代时都会说，凡事要三思而行，没有准备好不要采取行动。但在今日之知识经济时代，尤其是在创新开发方面，这样做是有害的。把感觉到的事马上表现出来，即说出来、写出来或做出来，不仅仅是避免被遗忘，更重要的是这样做能够引发下一个创新的出现。而仅仅在头脑中进行思考判断，会阻断下个创新设想的涌现，它会受到抑制，会因此而逃跑。

毫无疑问，创新是需要进行充分准备的。但是如果必须等到万事俱备以后再行动，则是不可取的。假设你要驾车远行，一定要等到没有交通堵塞，没有恶劣天气，没有一点汽车性能问题，没有任何类似问题之后才出发，那么你永远也到不了目的地，因为你永远不能出发。我们无论如何也买不到万无一失的保险，所以，要下定决心去实行你的创新设想。

世间每天都有无数的人把自己辛苦得来的构想埋葬掉，因为他们不敢采取行动。过了一段时间以后，这些构想又会回来折磨他们。因此，如果你是一位创新者，一定要切实执行你的创意，以便发挥它的价值。不管创意有多好，除非真正身体力行，否则永远没有收获。有人说天下最悲哀的一句话就是："如果我在那时开始那笔生意，早就发财了！"或"我早就料到了，我好后悔当时没有做！"一个好创意如果胎死腹中，真的会叫人叹息不已，感到遗憾。如果真的彻底实行，当然也会带来无限的满足。你现在已经想到一个好创意了吗？如果有，现在就去做。

三、惧怕失败

人的一生都在追求成功，避免失败。但有一点是不容置疑的，当你进行新的尝试，企图有所突破时，你就可能面临失败，不管多么伟大的科学家、企业家和运动员，概不例外。创新需要敢冒风险的人，冒风险就难免失败，失败并非罪过，重要的是从中吸取经验教训。每一个奋发向上的人在成功之前都曾经历过无数次失败，失败后继续坚持、继续努力，就会走向成功。由于惧怕失败，而瞻前顾后，犹豫不决，不敢走出第一步，或因为一次失败，就一蹶不振，变成一个懦夫，就难以取得成功。什么都不尝试，自然就不会有失败，当然，也更没有成功。只有尝试了并失败了，你才知道哪些办法行得通，这将使你离成功更近一步，因此，在创新之路上，有失才有得，有大失才有大得。惧怕失败，即使是天才，也只能变成怀才不遇、一事无成的人。

创新是探索未知的领域，是前人没有做过的事，需要的是科学探索精神和勇气，不怕失败，不言失败，这样才会有所发现，有所发明，有所创新，有所进步。在进化论的形成过程中，探索者就是发扬了不怕失败的精神和勇气，法国的拉马克首先冲破传统神学的束缚，大胆否定了过去生物学书籍里的陈腐观念。他认为，生物是进化的，环境的变化是生物进化的主要原因。拉马克的书在当时曾引起轰动。后来，英国的达尔文研究了拉马克的学说，吸取了其中的合理因素，却不受它束缚，他提出了以自然环境为中心的进化理论，比较好地解释了许多拉马克不能解释的东西，使进化论真正建立在科学的基础之上，从而使达尔文的著作成为进化论的经典著作。德国学者海克尔热情地拥护达尔文的学说，同时用自己精湛的研究大胆地批评达尔文进化论的弱点。他认为，适应和遗传的矛盾斗争推动生物进化，自然的选择并不是生物进化的唯一杠杆，再一次使进化论的水平提高了。

四、浅尝辄止

创新的大敌是满足。我们决不能播下几粒创新的种子，然后指望一劳永逸。我们必须辛勤耕耘、精心呵护，创新的花朵才能盛开，才能结出丰硕的果实。有一幅漫画，画了两个掘井人，其中一个人掘了三口井，但每口井都在离水位很近的地方就停下来，结果一口井也没有掘成；另一个人只掘了一口井，但深挖不止，终于掘出了泉水。这幅漫画说明的正是创新不可浅尝辄止的道理。永不满足，永不停止，坚韧不拔，百折不挠，是成功的创新者最宝贵的品质。爱因斯坦为了研究统一场理论，花费了他后半生大部分时间，一直没有放弃这种努力。有一次，他的朋友问他是不是感到即将大功告成，他回答说："没有，但我学到很多东西。我知道了至少99种方法是行不通的。"

苏格拉底有一句具有挑战性的论断："未经审视的人生是不值得过的"，并对它进行了探讨。2000多年后，哲学家约翰·斯图尔特·密尔提出了一个有争议的论断，对苏格拉底的挑战性论断作出了回答。密尔说："做一个不满足的人要比做一只满足的猪好；做不满足的苏格拉底要比做一个满足的傻子好。"换言之，假使你选择了这样的生活：很快乐但却平凡，缺乏思考，有安全感，一切尽在意料之中，从不用去担忧超出你生活视野以外的事情，这样的生活好吗？或你更喜欢过一种能提高认识，有新的体验，探求生活的底蕴，思考深层次的问题，即使遭遇挫折和失败也在所不惜的生活？

五、脱离现实

不要尝试为未来而创新，创新应结合目前的实际情况。对远期有意义的创新很可能对现在毫无用处，而立足现实的创新可能会产生长期的影响。大发明家爱迪生就十分善于判断创新的时机是否成熟，早在 1810 年左右，一些发明家就开始研究电灯泡，1860 年，英国人约瑟夫·斯旺制成了碳丝电灯，1878 年获得专利。而此时电灯泡的应用前景却很不明朗，这些人的研究最终都没有成功应用到现实生活中。而爱迪生却在电灯泡进入应用领域的条件成熟时才组织庞大的研究队伍开始动手研究，并在短期内一举取得成功，那时电力输送已经有了电网，电灯的应用也迅速普及开来。

不要追求完美的方案，因为一切方案在一定时间和环境中都是不完善的。诺贝尔奖获得者、人工智能奠基人、美国卡内基—梅隆大学教授西蒙曾引用英国一句谚语告诫人们："最好是好的敌人。"所谓"最优产品、誉满全球"，不过是广告。那些被吹嘘为"最佳计划""最优工程"的，却反而使人容易受骗。对复杂的创新系统而言，制订"最佳"要比卫星上天难得多。创新常常是在行动中制订和完善方案而并非靠一纸方案按图索骥。更重要的是如果脱离实际，一味追求最佳方案就可能痛失最佳创新时机。

六、好高骛远

人们往往有这样的想法，不干则已，要干就要想大的、干大的。其实不然，大量的创新成果并非来自庞大深奥的课题，而是从我们身边的寻常小事起步的。生活中的小事，许多人不屑一顾，但恰恰是小事中蕴藏着丰富的创新资源，为人们的创新提供了广阔的天地，安全剃刀是现在最普通、最常用的生活用品，它的发明者是美国人金·坎普·吉列。当时人们刮胡子用的刀子和现在理发师用的差不多。有一天吉列刮胡子一不小心，下巴上刮了一道口子，这在一般人看来算不了什么，但这时，吉列却产生一个念头：为什么不能做一种预先磨好的刀片，再加上一条护挡的安全剃刀呢？随后，他经过不断努力、不断改进，终于发明了安全剃刀，并将这项发明普及到了整个世界，使小发明变成大商品。环顾我们的周围，诸如厨房用具、办公用品、随身物品，都可以作为创新题目来考虑。不信？试试。

记得多年前，一位有成就的大学毕业生写过一篇文章《从 60 斤担起》，他说，大学生容易眼高手低——开始做事就想担起 200 斤，结果没有成功，感受到一次挫折。只好降到 150 斤，但还是失败了，又一次挫折。再降又受挫……。如此一来二去，自信心被打掉了，变得一蹶不振了。相反，如果你从 60 斤担起，成功后，再增加……，这样，在实践中你慢慢学会更多"担"的技巧，提高"担"的能力，最后自信心越来越强。最终一定能突破200斤。脚踏实地，一步一个脚印，从第一步做起，这是许多成功者走过的路，而那些虽胸怀大志，但看不起小事，只想干大事的人，多半只有失败的结果在等待着他。

参 考 文 献

1. 习近平. 习近平谈治国理政 [M]. 第一卷. 北京：外文出版社，2018.
2. 习近平. 习近平谈治国理政 [M]. 第二卷. 北京：外文出版社，2017.
3. 十九大以来重要文献选编（上）[M]. 北京：中央文献出版社，2019.
4. 国务院办公厅关于深化高等学校创新创业教育改革的实施意见. 国办发〔2015〕36 号.
5. 教育部. 国家级大学生创新创业训练计划管理办法. 教高函〔2019〕13 号.
6. 吴亚梅，龚丽萍. 大学生创新创业教育教程 [M]. 重庆：重庆大学出版社，2018.
7. 侯文华，彭怀祖. 大学生创新创业教育教程 [M]. 北京：科学出版社，2012.
8. 石国亮. 大学生创新创业教育 [M]. 北京：研究出版社，2010.
9. 张驰. 创新思维 [M]. 北京：海潮出版社，2002.
10. 马俊英. 开发你的创新能力 [M]. 北京：长安出版社，2003.
11. 李洪玉. 思维策略 [M]. 天津：百花文艺出版社，2002.
12. 罗庆生，韩宝玲. 大学生创造学 [M]. 北京：中国建材工业出版社，2001.
13. 冯培等. 创新素养与人才发展 [M]. 北京：世界图书出版公司，2001.
14. 梁良良. 创新思维训练 [M]. 北京：中央编译出版社，2001.
15. 苏振芳. 创新社会学 [M]. 北京：中国审计出版社，2002.
16. 黄河浪. 思维 [M]. 海口：海南出版社，2001.
17. 黄河浪. 创造 [M]. 海口：海南出版社，2001.
18. 陶学忠. 创新能力培育 [M]. 北京：海潮出版社，2002.
19. 陶学忠，周延波. 创造创新能力训练 [M]. 北京：中国经济出版社，2009.
20. 甘自恒. 创造学原理和方法 [M]. 北京：科学出版社，2010.
21. 余翔，周淑芳. 浅谈大学生开拓创新能力的培养 [J]. 今日湖北（下旬刊），2013 年第 005 期，128-129.

后　记

　　本教材是由陈运普主持的教育部择优推广项目"高校思想政治课教学中'工作室教学法'研究——以'人生发展设计工作室'为例"课题研究的阶段性成果。在该课题的研究过程中，作者以"人生发展设计工作室"为平台，收集了大量资料，并进行了社会调研，征询了有关专家的建议。在研究的过程中，课题组成员把自己的研究成果运用于教学实践，在三峡大学开设"大学生创新思维训练"人文素质拓展课，并在教学实践中加以修改与完善。

　　本教材是三峡大学马克思主义学院打造的思想政治理论课素质拓展课程系列教材之一。主要在陈运普、胡孝红等主持下，由承担"大学生创新思维训练"的任课教师，集体备课，分工合作完成，部分品学兼优的在读硕士研究生参与了撰写工作。

　　本书共有八章构成。第一章由陈运普、张雁航、李娜撰写；第二章由何伟纲、尹怡曼、王雅芳撰写；第三章由陈运普、陈晓璇、李申浩撰写；第四章由吴淑娴、戴阳、帕提麦·约麦尔撰写；第五章由覃美洲、李慧源撰写；第六章由张莉、谭云翠撰写；第七章由范颖、毕涛撰写；第八章由胡孝红、杜江伟、万纪红撰写。书稿由胡孝红、张莉、陈晓璇负责统稿，陈运普负责定稿。

　　在完成的过程中，马克思主义学院专职党委副书记时胜利、副院长黎见春不仅在学术上给予认真指导，还在其他方面给予大力支持和帮助，武汉软件职业技术学院的老师也参与其中，在此表示诚挚感谢。本教材在出版过程中，得到了武汉大学出版社的大力支持和帮助，在此表示衷心感谢。

　　在撰写书稿过程中作者参阅了大量的国内外学者已有的研究成果，并将部分书目列入书后，我们谨向这些学者表示谢意！

　　由于我们教学任务繁重，撰稿时间紧迫以及水平的限制，书中难免存在一些不足和错误，希望得到各位读者朋友的批评指正。

2021 年 11 月 宜昌